ZEITSCHRIFT FÜR ANGEWANDTE GEOLOGIE

HERAUSGEGEBEN VON

DER STAATLICHEN GEOLOGISCHEN KOMMISSION

UND DER ZENTRALEN VORRATSKOMMISSION

DER DEUTSCHEN DEMOKRATISCHEN REPUBLIK

AUS DEM INHALT

AKADEMIE-VERLAG · BERLIN

BAND 5 / HEFT 3
MÄRZ 1959
SEITE 97–144

INHALT

Die ZEITSCHRIFT FÜR ANGEWANDTE GEOLOGIE berichtet ständig ausführlich über folgende Arbeitsgebiete: Geologische Grundlagenforschung und Lagerstättenforschung / Methodik der geologischen Erkundung / Ökonomie und Planung der geologischen Erkundung / Technik der geologischen Erkundung / Geologie und Lagerstättenkunde im Ausland / Bibliographie, Verordnungen, Richtlinien, Konferenzen, Personalnachrichten

Die ZEITSCHRIFT FÜR ANGEWANDTE GEOLOGIE ist kein Organ einer engen Fachgruppe. Auf ihren Seiten können alle strittigen Fragen der praktischen Geologie behandelt werden. Die Autoren übernehmen für ihre Aufsätze die übliche Verantwortung

Herausgeber: Staatliche Geologische Kommission und Zentrale Vorratskommission für mineralische Rohstoffe der Deutschen Demokratischen Republik. Chefredakteur: Prof. Dr. Erich Lange, Berlin. Redaktion: Berlin N 4, Invalidenstraße 44. Verlag: Akademie-Verlag GmbH, Berlin W 8, Mohrenstraße 39 (Fernsprecher 200386, Postscheckkonto: Berlin 35021). Bestell- und Verlagsnummer des Heftes: 1047/5/3. Die „Zeitschrift für angewandte Geologie" erscheint monatlich. Bezugspreis 2,– DM je Heft. – Satz und Druck: Druckhaus „Maxim Gorki", Altenburg. Veröffentlicht unter der Lizenznummer ZLN 5008 des Ministeriums für Kultur, Hauptverwaltung Verlagswesen. Karten: MdI der DDR Nr. 4422, 4465, 4532 / K 11. Printed in Germany

ZEITSCHRIFT FÜR ANGEWANDTE GEOLOGIE

CHEFREDAKTEUR: PROF. DR. E. LANGE

BAND 5 · MÄRZ 1959 · HEFT 3

Bildung von Strontiummineralien durch Umlagerungsvorgänge, untersucht an zwei Vorkommen in Thüringen

GÜNTHER MEINEL, Jena

Es ist eine bekannte Tatsache, daß das Strontium im geochemischen Stoffkreislauf vor allem in gewissen sekundären Mineralparagenesen in Form selbständiger Mineralien, des Cölestins und des Strontianits, fixiert wird. Aus vorliegenden strontiumhaltigen Mineralien, von denen an dieser Stelle Schwerspat und Anhydrit genannt werden sollen, kann durch lösende Einwirkung von Wässern, aszendenten oder deszendenten Charakters, unter geeigneten Bedingungen (Temperatur, Druck, CO_2-Partialdruck, Fremdionen, Konzentration, p_H-Wert) das Strontium vom Barium bzw. vom Kalzium getrennt werden.

Das bei der Auflösung von strontiumhaltigem Schwerspat in Lösung gehende Strontium wird sich bei Abwesenheit von CO_2 infolge der leichteren Löslichkeit des $SrSO_4$ gegenüber $BaSO_4$ in reinem Wasser nur dann zu einem Teil vom Barium trennen, wenn der wieder auskristallisierende Umlagerungsschwerspat weniger Strontium in sein Gitter aufnimmt, als der primäre Schwerspat enthält. Das ist jedoch nach WERNER und eigenen Erfahrungen bei untersuchten Umlagerungsschwerspäten der Fall und wird dann begünstigt, wenn die Bildungstemperatur des umgelagerten Schwerspats niedriger ist als die des primären Schwerspats. Durch diese teilweise Trennung des Strontiums vom Barium ist eine Bildung von Cölestin bei der Umlagerung von strontiumhaltigem Schwerspat unter geeigneten Bedingungen denkbar. Bei Anwesenheit eines entsprechenden CO_2-Partialdruckes besteht die Möglichkeit der Bildung von Strontianit, der sich auf Grund der Löslichkeitsverhältnisse von $SrCO_3$ und $BaCO_3$ in reinem Wasser vor dem Witherit ausscheiden dürfte, wobei es jedoch auf die Bar—Sr-Ionenkonzentration ankommt. Hier liegt demnach eine Trennung des Strontiums vom Barium durch Ausscheiden des Strontiums aus der Lösung als schwerlösliches Karbonat vor.

Bei der Einwirkung zirkulierender Wässer auf strontiumhaltigen Anhydrit wird es je nach dem Charakter der Lösungen und den herrschenden Temperatur-Druckbedingungen entweder zu einer bloßen Umlagerung des Anhydrits oder aber zur Gipsbildung unter Wasseraufnahme kommen. Für den ersten Fall kann auf Grund der Löslichkeitsverhältnisse von $CaSO_4$ und $SrSO_4$ in reinem Wasser bei Abwesenheit von CO_2 Cölestinbildung erfolgen. Bei Anwesenheit von CO_2 entsteht bei einer bestimmten Sulfationenkonzentration trotz der leichteren Löslichkeit von $SrSO_4$ gegenüber $SrCO_3$ in reinem Wasser meist Cölestin. Cölestin bildet sich so nach den natürlichen Vorkommen nicht nur aus umgelagertem oder vergipstem Anhydrit, sondern auch aus strontiumhaltigem Aragonit, eine Tatsache, die noch der physikalisch-chemischen Erklärung bedarf.

Für den zweiten Fall, bei der Gipsbildung, wird das Strontium in seiner Hauptmenge vom Kalzium getrennt, weil das Gipsgitter nur eine sehr begrenzte Aufnahmefähigkeit für Strontium besitzt. Durch diese kristallchemisch bedingte Trennung beider Elemente kann es auch hier zur Bildung von Cölestin kommen.

Im folgenden sollen als Beispiele für derartige Umlagerungen zwei Vorkommen von Strontiummineralien in Thüringen näher beschrieben werden.

1. Strontianitvorkommen in der Schwerspatgrube Könitz bei Saalfeld

Im Jahre 1956/57 wurden Strontianitkristalle in dem zum Kamsdorf-Könitzer Gangbezirk gehörigen sogenannten Hauptgang der Grube beim Abbau im Bereich der 180 m Sohle aufgefunden. Die kleinen, weißen, spießförmigen Kristalle (steile Pyramidenflächen), meist in Kristallbüscheln gruppiert, sind an den Wandungen eines großen schlottenartigen Hohlraumes aufgewachsen. Sie fanden sich jedoch auch in kleinen Mengen in Drusen in der unmittelbaren Nachbarschaft der Schlotte (s. Abb. 1).

Die Zusammensetzung eines Strontianits von Könitz (Analyse vom chemischen Labor des Geologischen

Abb. 1. Cölestinkristalle auf korrodiertem Schwerspat aufgewachsen. Schwerspatgrube Könitz, 180 m-Sohle Maßstab 1 : 2,5

Dienstes Jena) ergab nach Umrechnung auf Karbonat folgende Werte: (Gewichtsprozent)

$SrCO_3$ 94,28	$CaCO_3$ 4,36	$BaCO_3$ 0,84

Es handelt sich demnach um einen kalziumhaltigen Strontianit der Mischkristallreihe Aragonit—Strontianit, der eine kleine Menge $BaCO_3$ aufweist. An Spurenelementen fanden sich im Strontianit: (Gewichtsprozent)

Cu etwa 0,001	Fe etwa 0,001	Pb etwa 0,001

Typisch ist das Vorkommen von Pb, das ja im Strontianitgitter eingebaut sein kann.

Neben Strontianit tritt als gleichaltrige Bildung etwas idiomorpher Kupferkies auf, der durch im Bereich des Ganges zirkulierende Tageswässer oft in Malachit umgewandelt ist.

Der Schwerspat zeigt an der Schlottenwandung und an den Stellen, wo Drusen mit Strontianit vorkommen, deutliche Korrosionserscheinungen sowie eine auffällige Rotfärbung durch feinste Eisenglanzschüppchen.

Es konnte festgestellt werden, daß der Schwerspat vorzugsweise parallel (001) der besten Spaltbarkeits- und Absonderungsfläche korrodiert wurde, so daß es bei fortgeschrittener Korrosion zur Ausbildung regelrechter Schwerspatrippen kam, auf denen allseitig Strontianitkristalle aufsitzen können. Diese Schwerspatrippen sind oft völlig von ihrer ehemaligen Umgebung isoliert, besitzen deshalb dann eine andere Lagerung (Auslaugungsbrekzie).

Neben Strontianit und Kupferkies ist auf dem korrodierten Schwerspat weißer bis farbloser Schwerspat in mm-starken Krusten zum Teil mit freien Flächen aufgewachsen. Nach ihrem Aussehen erinnert diese Verwachsung an die Orthoklas-Albit-Aufwachsung bei pegmatitischen Feldspäten. Die spektralanalytische Untersuchung des korrodierten Schwerspats ergab hohe Strontiumwerte (über 1%), wie sie für die Könitzer Schwerspäte nach LEEDER charakteristisch sind. Der jüngere, auf dem korrodierten Schwerspat aufgewachsene Schwerspat enthielt nur wenig Strontium (0,1 bis 0,5%). Im Bereich der 250 m Sohle wurden ähnliche Schlotten im Hauptgang angetroffen, wobei sich jedoch anstatt Strontianit Kalzit und Kupferkies vorfanden. Die Kalzitkristalle (Skalenoederflächen) besitzen einen ähnlichen Habitus wie die Strontianitkristalle. Es sind spießförmige bis 1 cm große Kristalle, die büschelig, z. T. subparallel miteinander verwachsen sind. Wesentlich ist für den Bereich der 250 m Sohle, daß hier der Kalzit eindeutig den älteren Schwerspat verdrängt hat. Auf größeren Flächen ist das Schwerspatmittel von den schlottenartigen Hohlräumen ausgehend in ein Kalzitmittel umgewandelt, wobei lockere Aggregate idiomorpher Kalzitkristalle den ehemals vorhandenen Schwerspat pseudomorphosieren. Die Korrosion dürfte auch hier oft von den Absonderungsflächen nach (001) ausgegangen sein. Die Handstücke erinnern an den bekannten „zerhackten Quarz" (s. Abb. 2). Übergänge von noch kompaktem, unverändertem Schwerspat über mürbe, rötlich gefärbte, bereits etwas karbonatisierte Schwerspataggregate zu vollständig umgewandelten Stücken sind vorhanden. Im Dünnschliff erkennt man in nach makroskopischer Betrachtung vollständig karbonatisierten Aggregaten noch einzelne Verdrängungsreste von Schwerspat.

Auf Grund der angetroffenen geologischen Verhältnisse, der untersuchten Makro- und Mikrostrukturen und des Chemismus weisen die Paragenesen: Strontianit, Kupferkies, junger Schwerspat (180 m Sohle) und Kalzit, Kupferkies (250 m Sohle) auf eine zweifellos junge Mineralisation im Grubengebiet hin, die am wahrscheinlichsten durch Umlagerung bereits vorhandener Mineralien im Grubengebiet (Schwerspat, Karbonate, Kupferkies) zu erklären ist. Die Voraussetzung für eine derartige Umlagerung sind geeignete deszendente oder aszendente Wässer. Ob aszendente oder deszendente Wässer für die Bildung des Könitzer Strontianits in Frage kommen, ist ungeklärt. Die Möglichkeit der Einwirkung deszendenter Wässer ist für Könitz durchaus gegeben, es wird dabei an salinare CO_2-haltige Wässer gedacht, die ihre Salinität dem hangenden Zechstein der weiteren Umgebung verdanken könnten. Interessant ist die verschiedene Ausbildung der Umlagerungsparagenesen in der 180 m- und 250 m-Sohle, die möglicherweise für verschiedene Lösungs- und Umlagerungsvorgänge spricht. Während in der 250 m-Sohle eine direkte Verdrängung des Schwerspats durch Kalzit erfolgte, ist im Bereich der 180 m-Sohle zunächst eine Korrosion des älteren Schwerspats und dann nachträglich eine Aufwachsung ohne sichtbare Verdrängungserscheinungen von jüngerem Schwerspat, Strontianit und Kupferkies zu beobachten, wobei der junge Schwerspat etwas früher als der Strontianit und Kupferkies

Abb. 2. Aggregat von Kalzitkristallen, pseudomorph nach Schwerspat. Schwerspatgrube Könitz, 250 m-Sohle Maßstab 1 : 2,5

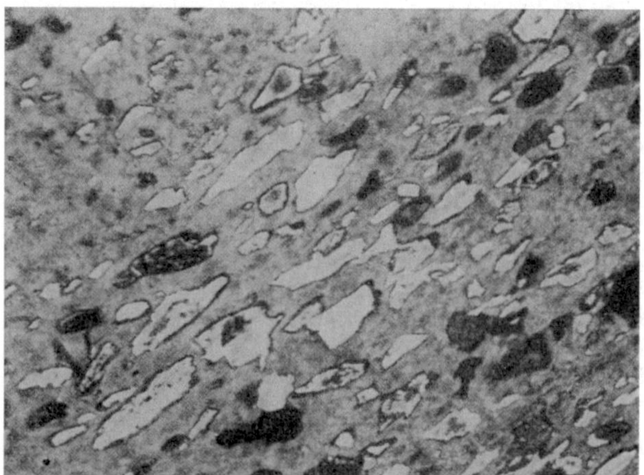

Abb. 3. Korrodierte Anhydritreliktkörner im Gips. Bohrung Heßles 7, Teufe 100,00 m Dünnschliffphoto, Vergr. 120× + Nicols

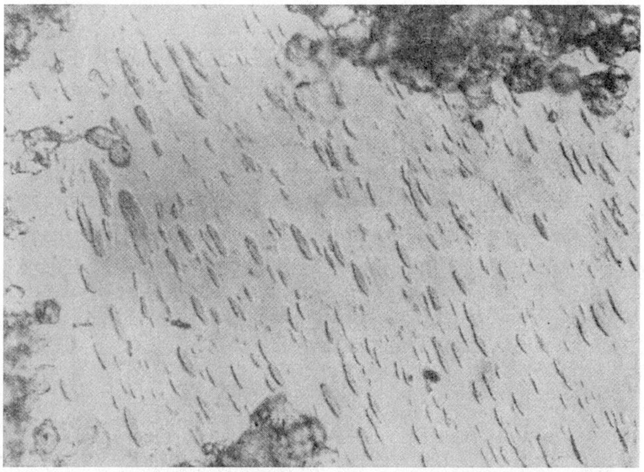

Abb. 4. Einschlußspindeln im Gips, am Bildrand Dolomit Bohrung Heßles 3, Teufe 69,2 m. Dünnschliffphoto, Vergr. 200 × gewöhnl. Licht

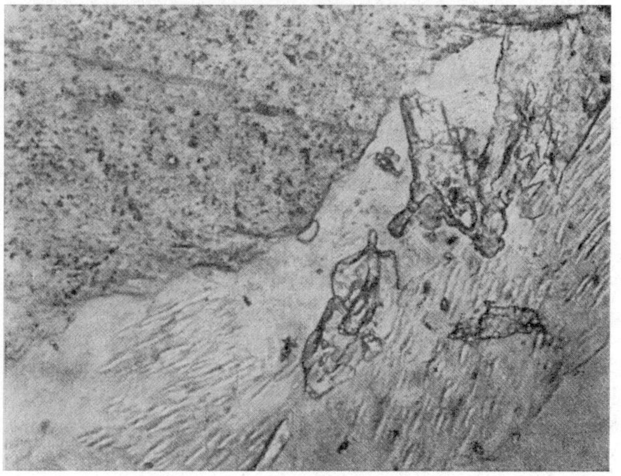

Abb. 5. Kluftfüllung mit einschlußreichem Dolomit (links oben) und restlos in Gips umgewandeltem Anhydrit, der Einschlußspindeln sowie poikilitisch mit Gips verwachsene Cölestinkristalle (hohes Relief) enthält. Bohrung Heßles 8, Teufe 170,3 m, Dünnschliffphoto, Vergr. 200 × gewöhnl. Licht

abgeschieden worden sein dürfte. Der Kupferkies der 250 m-Sohle ist als etwas spätere Bildung auf dem Kalzit aufgewachsen.

2. Cölestinvorkommen in Bohrkernproben der Bohrungen Heßles bei Schmalkalden

Bei der gesteinsmikroskopischen Bearbeitung einiger Bohrkernproben von den im Rahmen der Eisenerzerkundung durchgeführten Bohrungen im Raum Heßles konnten einige interessante Beobachtungen in bezug auf die Cölestinbildung durch Umlagerung gesammelt werden. Der durch die Bohrungen angetroffene Zechsteinanhydrit und Anhydritdolomit ist längs der vorhandenen Spalten und Klüfte durch zirkulierende Wässer nachträglich vergipst worden. Mikroskopisch konnte stets Reliktanhydrit gefunden werden. Manchmal schließt der zum Teil in größeren xenomorphen Körnern vorliegende Gips Anhydritreliktkörner unter Erhaltung der ehemaligen Paralleltextur des Anhydrits ein (s. Abb. 3). In verschiedenen Dünnschliffen waren im Gips neben kleineren skelettförmigen Cölestinkristallen eigenartige winzige spindelförmige Einschlüsse mit höherer Lichtbrechung als Gips nachweisbar, deren Längszonen der besten Spaltbarkeit des Gipses nach (010) parallel gehen (s. Abb. 4). Wegen ihrer Kleinheit konnten die Einschlüsse optisch nicht einwandfrei identifiziert werden. Die spektralanalytische Untersuchung einer entsprechenden Probe ergab lediglich das Vorhandensein von wenig Strontium (ungefähr 0,5%) neben dem Hauptelement Kalzium. Untersuchungen über Natur und Entstehung dieser Einschlüsse sind noch im Gange.

Bei der Untersuchung der auftretenden Spalten- und Kluftfüllungen konnten zwei verschiedene Paragenesen unterschieden werden. Eine zweifellos ältere Kluftfüllung besteht aus Dolomit, Anhydrit und etwas Kupferkies. Der Anhydrit ist zum Teil in Gips umgewandelt worden. Auch hier waren im Gips Cölestinkristalle sowie die schon beschriebenen Einschlußspindeln feststellbar (s. Abb. 5). Die jüngere Kluftfüllung besteht aus Gips (teilweise als Fasergips ausgebildet) und manchmal etwas Cölestin, der sich meist am Salband befindet (s. Abb. 6).

Die ältere Paragenese konnte in analogen Klüften bis ins liegende Grundgebirge (Ruhlaer Kristallin) nachgewiesen werden. In diesem Zusammenhang muß betont werden, daß derartige Dolomit-Anhydritkluftfüllungen an der Grenze Zechstein-Grundgebirge eine recht häufige Erscheinung darstellen. Sie sind beispielsweise auch in Bohrkernproben der Bohrungen Holungen (Südharz) untersucht worden. Im Bereich des Grundgebirges ist der Anhydrit oft verquarzt. Eine Altersfolge der Kluftmineralien Anhydrit, Dolomit und Kupferkies ist nicht erkennbar. Diese Paragenese stellt ein Musterbeispiel für Umlagerungsvorgänge dar. Der Kupferkies dürfte mit hoher Wahrscheinlichkeit aus dem erbohrten kupferkiesführenden Kupferschieferäquivalent stammen. Die Tatsache der Mobilisation von Anhydrit spricht für einen salinaren Charakter der Lösungen. Auf Grund der Tatsache, daß der vergipste Kluftanhydrit Cölestin führt, muß angenommen werden,

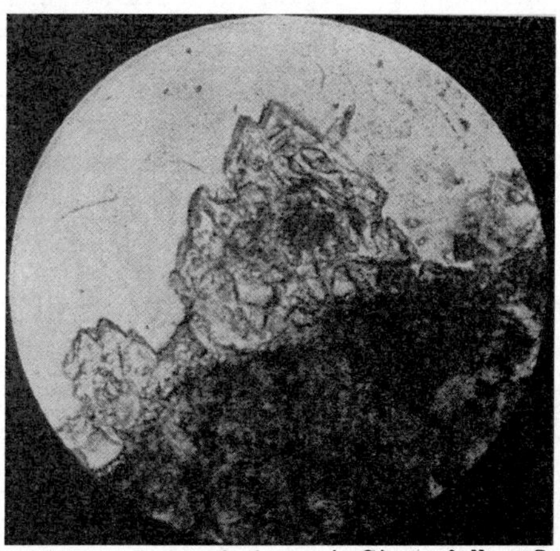

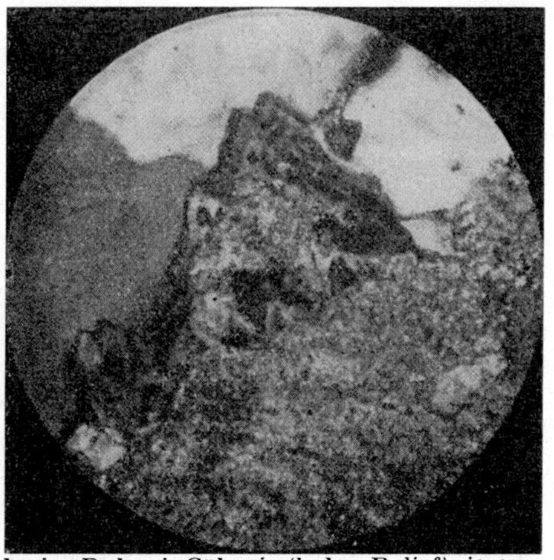

Abb. 6a. Salband einer mit Gips gefüllten Spalte im Dolomit Cölestin (hohes Relief) sitzt am Salband auf dunklem Dolomit auf, ist wieder poikilitisch mit Gips (weiß) verwachsen. Bohrung Heßles 1, Teufe 122,50 m, Dünnschliffphoto, Vergr. 100 × gewöhnl. Licht
Abb. 6b. Analog Abbildung 6a nur + Nicols

daß der umgelagerte Anhydrit aus der Lösung relativ viel Strontium in sein Gitter aufnehmen konnte.

Nach dieser älteren Umlagerungsbildung durch salinare Lösungen kam es im Untersuchungsgebiet nochmals zu einer Einwirkung zirkulierender Wässer auf den Anhydrit, wobei eine Vergipsung erfolgte. Während der größte Teil des strontiumhaltigen Anhydrits durch Bildung von Gips und Cölestin an Ort und Stelle fixiert wurde, gelangte ein kleiner Teil Gips und Cölestin in Lösung und setzte sich als jüngere Paragenese auf den Spalten ab, wobei die Ausscheidung von Cölestin am Salband die bekannten Löslichkeitsverhältnisse von $CaSO_4$ und $SrSO_4$ bestätigt.

Zusammenfassung

An zwei Vorkommen von Strontiummineralien in Thüringen werden Umlagerungsvorgänge, die zur Bildung von Strontianit bzw. Cölestin führten, beschrieben.

Die Strontianitparagenese von Könitz wird durch Umlagerung aus strontiumhaltigem Schwerspat durch Einwirkung zirkulierender CO_2-haltiger Wässer erklärt.

Der Cölestin der Bohrungen Heßles ist bei der Vergipsung des Anhydrits durch Spaltenwässer entstanden. Von der Gips-Cölestinparagenese konnte eine ältere Umlagerungsparagenese: Anhydrit — Dolomit — Kupferkies abgetrennt werden. Dadurch ist bewiesen, daß im untersuchten Gebiet zweimal zirkulierende Spaltenwässer jeweils unterschiedlichen Charakters auf das Nebengestein einwirken konnten.

Literatur

LEEDER, O.: Geochemisch — paragenetische Untersuchungen an den Schwerspatgängen von Könitz. — Unveröffentl. Diplomarbeit, Halle 1957.

WERNER, C. D.: Geochemie und Paragenese der saxonischen Schwerspat = Flußspat = Gänge im Schmalkaldener Revier. — Freiberger Forschungshefte, C 47, 1958.

NOLL, W.: Geochemie des Strontiums. — Chemie der Erde, 1934.

Zur quantitativ-mineralogisch-petrographischen Untersuchung der Roteisenerze vom Büchenberg bei Elbingerode/Harz

ERICH KNAUER, Berlin

Vorläufige Mitteilung[1])

Die Eisenerzlagerstätte vom Büchenberg wurde nach ihrem Mineralbestand untersucht. Die wichtigsten eisentragenden Mineralien sind: Hämatit, Siderit und Magnetit, hinzu kommen noch einige Eisenchloritmineralien (u. a. „Mg-Chamosit"), die aber stets nur untergeordnet auftreten, wenn es sich nicht um ein ausgesprochenes Chloritgestein handelt. Die Gangart ist im wesentlichen durch Kalzit und Quarz vertreten. Stilpnomelan, Pyrit, Kupferkies, Markasit, Ilmenit, Anatas, Pyrolusit, Feldspat, ein unbekanntes Glimmermineral und Anthraxolit sind als Akzessorien zu bezeichnen.

Der Hämatit kommt in zwei verschiedenen Formen vor. Weniger häufig ist die mikrokristalloide Ausbildung. In der Regel liegt er jedoch in mikrolepidoider bis kryptolepidoblastischer Form vor. Diese Aggregate sind zum Teil rein, zum Teil aber durch Kalzit oder Quarz verunreinigt. Weit verbreitet sind sehr feine Dispersionen von winzigen Hämatitblättchen in Quarz und Kalzit. Der Magnetit kommt fast durchweg in mikrokristalleider Form vor. Gestaltlose Aggregate von nichtidiomorphem Magnetit, wie das beim Hämatit häufig der Fall ist, finden sich selten. Pseudomorphosen nach Hämatit und Hämatitrelikte im Magnetit beweisen in den meisten Fällen seine sekundäre Natur. Auch primärer Magnetit ist vorhanden, dieser ist aber an eine ganz bestimmte Erzfazies (Siderit, Magnetit, „Mg-Chamosit") gebunden. Eine bemerkenswerte Eigenart des Magnetits ist seine schwache, aber häufig zu beobachtende Anisotropie bei gekreuzten Nicols.

Von dem am häufigsten auftretenden Chloritmineral konnten ca. 4,5 g analysenreines Pulver gewonnen werden. Dadurch wurde die mineralogische sowie die röntgenographische Untersuchung durch eine chemische Analyse und eine D. T. A. unterstützt. Vergleiche mit Untersuchungen von BANNISTER an ähnlichen Mineralien gestatten, dieses Schichtsilikat vom Büchenberg vorerst „Mg-Chamosit" zu nennen. Für die endgültige Bezeichnung muß die Klärung nomenklatorischer Fragen, die die Kristallgitter bei Chamositen betreffen, abgewartet werden. BRINDLEY hat den Namen Chamosit auch für Schichtsilikate mit 7-Å-Gittern angewandt. Der „Mg-Chamosit" vom Büchenberg besitzt aber ein 14-Å-Gitter. Neben den Chloriten, die im einzelnen noch nicht genauer untersucht werden konnten, kommt ein bisher unbekanntes Glimmermineral vor.

Pyrit ist gelegentlich parallel (100) lamellar mit Markasit verwachsen.

Die bisher unter dem Namen Anthrazit bekannte kohlenstoffreiche Substanz wurde aus nomenklatorischen Gründen Anthraxolit genannt. Auf Grund spektrochemischer Untersuchungen wird für dieses Material organische Herkunft angenommen. Zur genauen Deutung müssen die Untersuchungen an diesem Stoff noch fortgesetzt werden.

Mineralbestand und Gefüge gestatten, mehrere Erztypen und andere Gesteine innerhalb des Lagerhorizontes zu unterscheiden. Die wichtigsten Erze sind im folgenden kurz charakterisiert.

1. Kalzit-Oxyd-Erz

In seiner Hauptmasse besteht dieses Erz aus Kalzit, der durch Hämatit dispers verunreinigt ist, daher die auffallend rote Farbe. Mit 10%iger HCl behandelt, erfolgt eine lebhafte Reaktion. Haupteisenträger sind die Oxyde, insbesondere Hämatit. Siderit tritt untergeordnet auf. Der Magnetit ist durchweg sekundär. Das läßt sich an unzähligen Pseudomorphosen und Relikten nachweisen.

2. Oxyd-Karbonat-Erz

Der Unterschied zu dem eben erwähnten Erz ist relativ gering. Es unterscheidet sich im wesentlichen

[1]) Es wird im folgenden über einige Ergebnisse berichtet, die bei der Untersuchung der oben genannten Eisenerzlagerstätte erzielt wurden. Das gleiche Thema hatte ein Vortrag zum Inhalt, der am 27. 8. 1958 im Wissenschaftlich-Technischen Kabinett der Staatlichen Geologischen Kommission vom Verfasser gehalten wurde. Die Veröffentlichung des vollständigen Textes der Arbeit wird später an anderer Stelle erfolgen.

durch die quantitative Beteiligung der einzelnen Komponenten. Die eisentragenden Mineralien überwiegen durchweg. Fernerhin tritt hier der Siderit in verstärktem Maße auf. Der Magnetit ist ebenfalls sekundär.

3. Rotes Quarzerz

In den beiden vorhergehenden Erzen ist der Kalzit die wesentliche Gangart. Hier ist es der Quarz. Rotes Quarzerz deshalb, weil das Eisenoxyd im wesentlichen durch Hämatit vertreten wird, dadurch die typische rote Farbe. In diesem Erz sind die Oxyde fast ausschließlich die Eisenträger. Der Magnetit ist auch hier sekundär.

4. Graues Quarzerz

Wie der Name schon ausdrückt, besteht auch hier die Gangart im wesentlichen aus Quarz. Eisenträger sind: Oxyd, Siderit und Eisenchlorit. Das Eisenoxyd besteht ausschließlich aus Magnetit, der allerdings auch hier sekundär ist. Fast durchweg liegt er pseudomorph nach Hämatit vor. Weite Verbreitung hat in diesem Erz der Siderit. Daneben kommen noch Eisensilikate vor, die sich aber wegen der schwierigen Präparation bisher nicht genau und exakt bestimmen ließen. Bemerkenswert ist, daß in diesem Erz die Verbreitung des Anthraxolits am konstantesten ist.

5. Kalzit-Quarz-Oxyd-Erz

Die bisher aufgeführten vier Erze sind die häufigsten Grundtypen. Das Kalzit-Quarz-Oxyd-Erz stellt einen Übergang zwischen dem Kalzit-Oxyd-Erz und dem roten Quarzerz dar. Je nachdem nun, welches von beiden stärker beteiligt ist, überwiegt Quarz oder Kalzit. Sonst gleicht dieses Erz in Mineralbestand und Gefüge sehr den beiden Ausgangstypen.

6. Magnetit-Siderit-„Mg-Chamosit"-Erz

Rein äußerlich ist dieses Erz durch seine schwarze Farbe und seine hohe Dichte sehr charakteristisch. Das Eisenoxyd besteht ausschließlich aus Magnetit. Relikte oder Pseudomorphosen nach Hämatit ließen sich nirgends nachweisen. Der Magnetit ist stets mikrokristalleid bis mikrokristalloblastisch. Es ist das einzige Erz, in dem m. E. der Magnetit primär vorliegt. Auf die Frage des primären Magnetits wird am Schluß im Zusammenhang mit der Genese noch einmal zurückzukommen sein.

7. Als untergeordnet am Aufbau des Erzlagers beteiligte Gesteine sind noch fast reine Kalke, Tuffgesteine und „Chloritschiefer" zu nennen. Sie spielen aber mengenmäßig nur eine geringe Rolle, so daß sie bei der vorliegenden Betrachtung nicht näher erläutert zu werden brauchen.

Unter Berücksichtigung der Mächtigkeit, mit der die einzelnen Erze in den Bauen, die zur Probenahme herangezogen wurden, auftreten, ließ sich ihre prozentuale Beteiligung am Aufbau der Lagerstätte ermitteln:

Kalzit-Oxyd-Erz	31%
Oxyd-Karbonat-Erz	13%
rotes Quarzerz	18%
graues Quarzerz	18%
Magnetit-Siderit-„Mg-Chamosit"-Erz	5%

Ein weiterer Teil der Arbeit ist auf die mineralogisch-quantitative Zusammensetzung des Erzes gerichtet. Dabei erfolgte die Bearbeitung vorwiegend im Auflicht. Die Erze wurden nach der Punktmethode vermessen und jeder Schliff mit ca. 1200 Punkten belegt. Von jeder genommenen Probe wurden 2 Schliffe gesondert integriert. Den verschiedenen Hämatitdispersionen entsprechend, ließen sich nicht immer reine Mineralien auszählen, sondern es mußten auch Mineralgemische berücksichtigt werden. Also ergab die Integration neben den Gehalten an Mineralien auch die Anteile von Mineralgemischen in Volumenprozent. Das Ziel der Arbeit ist jedoch die Ermittlung reiner Mineralien in Gewichtsprozenten. Die Bestimmung der Gewichtsprozente erfolgte mathematisch. Zur Kontrolle der Integration wurden die Werte von 10 chemischen Analysen auf Mineralien umgerechnet. Der Vergleich von chemischem und petrographischem Ergebnis zeigt, daß für den gegebenen Fall die Methode der petrographischen Integration hinreichend genau ist. Es läßt sich also auf diesem Wege die mittlere mineralogische Zusammensetzung der Erztypen ermitteln. Bezieht man diese Zahlen auf die quantitative Beteiligung der Erze am Aufbau der Lagerstätte, so ergibt sich die mittlere mineralogisch-quantitative Zusammensetzung des Gesamterzes:

	Gew.-%
Hämatit	11—13
Magnetit	9—11
Siderit	15—17
„Mg-Chamosit"	7— 9
Stilpnomelan + Glimmer	1
Kalzit	30—32
Quarz	22—24
Pyrit	<1
Kupferkies	<1
Anthraxolit	<1

Auffällig und neu an dieser Untersuchung ist, daß der Sideritgehalt über dem des Hämatits liegt. Entsprechend diesen Werten sind bei einem Erz von durchschnittlich 25% Fe:

8% des Fe an Fe_2O_3
7% des Fe an Fe_3O_4
8% des Fe an $FeCO_3$ und
2—3% des Fe an Eisensilikate gebunden.

Obwohl alle zur Untersuchung benutzten Proben aus in Abbau befindlichen Lagerstättenteilen entnommen wurden, besteht selbstverständlich die Möglichkeit, daß bei wechselnder Zusammensetzung des Fördergutes und bei fortschreitendem Abbau in der Verteilung des Fe-Gehaltes geringe Schwankungen auftreten.

Die Genese betreffend, bestehen wohl heute kaum noch Zweifel, daß die Lagerstätten vom Lahn-Dill-Typ exhalativ-sedimentär sind. Diese Ansicht wurde auch durch die vorliegende Untersuchung bestätigt. Besonderes Interesse hat seit je die Entstehung des Magnetits erregt. So glaubte man vielfach an sekundären Magnetit, der aus Hämatit entstanden sein sollte. Über die Vorgänge, die zur Umbildung führten, war man jedoch geteilter Meinung. Einmal wurde angenommen, der Magnetit sei durch kinetische Anchimetamorphose aus Hämatit entstanden und kommt daher nur in tektonisch durchbewegten Lagerstättenteilen vor, zum anderen glaubte man, der Anthraxolit habe die Reduktion bewirkt. Die vorliegende Arbeit hat alle diese Deutungsversuche nicht bestätigt. Die Verteilung des Magnetits ist unabhängig von der tektonischen Deformation des Erzlagers und die Anwesenheit von Anthraxolit keineswegs bezeichnend für Magnetit.

Auf Grund der Untersuchungsergebnisse ist zwischen primärem und sekundärem Magnetit zu unterscheiden. In jedem Falle ist die Bildung von Magnetit auf das

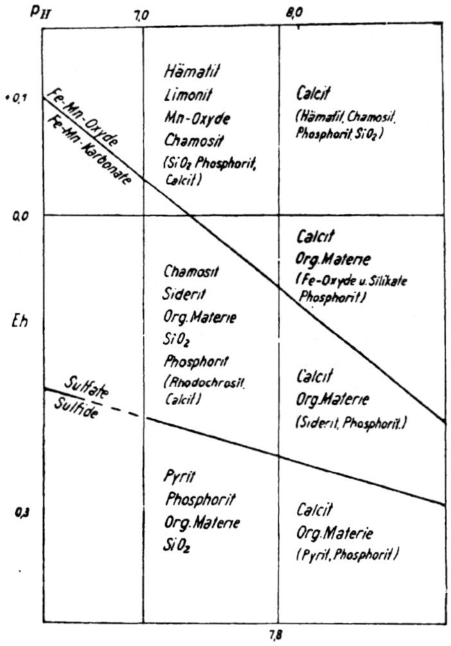

Zustandsdiagramm der Mineralien chemischer Sedimente in Abhängigkeit von p_H und E_h (etwas vereinfacht nach KRUMBEIN u. GARRELS, entnommen aus CISSARZ 1957)

Verhältnis von p_H-Wert und Redox-Potential (E_h) zurückzuführen (s. Zustandsdiagramm nach CISSARZ). So ist der primäre Magnetit nicht an seiner kristallographischen Ausbildung oder Form zu erkennen, sondern an der Paragenese, an der Erzfazies. Dieser Fall liegt vor beim Magnetit-Siderit-„Mg-Chamosit"-Erz, alles Mineralien, die sich bei negativem E_h und hohem p_H-Wert bilden.

Ähnlich haben wir uns die Entstehung des sekundären Magnetits zu denken. Vielleicht sind diese Vorgänge mit der Bildung rezenter Blauschlicke vergleichbar. Diese sind an der Oberfläche braun, d. h., das in 3wertiger Form gefällte Eisen befindet sich kurz nach der Sedimentation noch im gleichen Zustand. Erst wenige Millimeter unter der Oberfläche ist der Schlick schwarz. Das Eisen ist zur 2wertigen Form reduziert worden. Die Magnetitbildung der Eisenerze mag einen ähnlichen Grund haben. Auf jeden Fall müssen nach der Ablagerung des Hämatits andere chemische Bedingungen geherrscht haben als während der Bildung desselben.

Was den Anthraxolit anbelangt, so ist folgendes zu sagen: Auf Grund spektrochemischer Untersuchungen nehme ich organische Herkunft an. Auch die organische Materie kann nur unter ganz bestimmten chemischen Bedingungen konserviert werden. Sie stellt also nur einen Indikator dar und ist keinesfalls unmittelbar an der Reduktion des Hämatits beteiligt.

Über das Auftreten von Spurenelementen in den Blei-Zinkerzen der Schlesisch-Krakauer Trias [1)]

JAN KUHL & JANINA WIDAWSKA, Warschau

Über die Blei-Zinkerze des schlesisch-krakauer Gebiets ist umfangreiche geologische und mineralogische Literatur vorhanden. In seiner Arbeit führt T. GAŁKIEWICZ diese Literatur genauestens an und befaßt sich sehr ausführlich mit den Arbeiten der einzelnen Autoren. Von CZ. HARAŃCZYK ist ebenfalls schon über die in den Blei-Zinkerzen des schlesisch-krakauer Gebietes auftretenden Spurenelemente berichtet worden.

Aus den Aufzeichnungen HARAŃCZYKs erfahren wir, daß in den Blei-Zink-(Erz)Mineralien der schlesisch-krakauer Mulde zwei Komplexe an Spurenelementen vorhanden sind. Als Bestandteile gehören dem einen As, Ge, Tl (Mo) und dem zweiten Ag, Cd, Cu, Ga an. Auf Grund der vom Autor durchgeführten Untersuchungen wurde der Nachweis erbracht, daß die Konzentrationszunahme der Elemente in einem Komplex von einer Konzentrationsabnahme in dem zweiten begleitet wird. Ein weiteres Ergebnis der Arbeiten HARAŃCZYKs ist die Feststellung der gegenseitigen Abhängigkeit des Auftretens von As und Tl.

Wie aus den bisherigen Untersuchungen der schlesisch-krakauer Blei-Zinklagerstätten hervorgeht, treten als wichtige Blei-Zink-Erze auf: Zinkblende (ZnS), sehr oft mit Wurtzit, Smithonit oder Zinkkarbonat ($ZnCO_3$) und Bleiglanz (PbS). Als Minerale von mehr akzessorischem Charakter wurden festgestellt: Jordanit ($4PbSAs_2S_3$), Meneghinit ($4PbSSb_2S_3$), Greenockit (CaS), die als Verwachsungen auf Blende oder Galmei auftreten. In den sogenannten Oxyderzen der besprochenen Lagerstätten wurden angetroffen: Kieselgalmei (Zn_2SiO_4) Hydrozinkit ($2ZnCO_3$, $3Zn(OH)_2$), Goslarit ($ZnSO_4 \cdot 7H_2O$), Tarnowitzit ($(CaPb)CO_3$), Phosgenit ($PbCO_3$), Anglesit ($PbSO_4$). In den genannten Lagerstätten spielen neben den erwähnten Mineralien Eisensulfide in Form von Markasit und Pyrit eine wichtige Rolle. Der Markasit bildet besondere Konkretionen oder kommt mit Zinkblende und Bleiglanz in den sogenannten Schalenblenden vor.

Das wichtigste Erz dieser Lagerstätten ist Zinkblende (ZnS), die in folgenden Vererzungsformen vorkommt:

a) als Füllungen (Imprägnationen) auf den verschiedenartigen Klüften, Rissen oder Hohlräumen im Dolomit, wobei sie keine Makroverwachsungen mit anderen Mineralen, z. B. mit Bleiglanz oder Markasit, bildet. Diese Blendeart ist öfter sehr porös.
b) als traubig-nierenförmige bis 20 und mehr cm große Knollen. In der Kernpartie sind diese Knollen gewöhnlich mit Markasit ausgefüllt, auf dem sich feinschichtige Zinkblendebänder abgeschieden haben. Letztere enthalten Bleiglanzeinschlüsse. Aber auch auf der Außenoberfläche kommen ab und zu regelmäßige Bleiglanzkristalle vor.
c) in Form bandstrahlenartig gebauter bis zu ungefähr 15 mm starken im Dolomit enthaltenen Blendekrusten. In diesen Krusten tritt die Blende oft in Paragenese mit Bleiglanz (Abb. 1) auf, der mit der Blende in Gestalt idiomorpher Kristalle verwachsen ist.

[1)] Unwesentlich gekürzte Übersetzung eines Originalartikels aus „Przegląd Geologiczny", 1, 1958.

Abb. 1. Verwachsungen von Zinkblende (graue Flecken) mit Bleiglanz (helle Flecken) Poliertes Plättchen, reflektiertes Licht, 60 × vergrößert

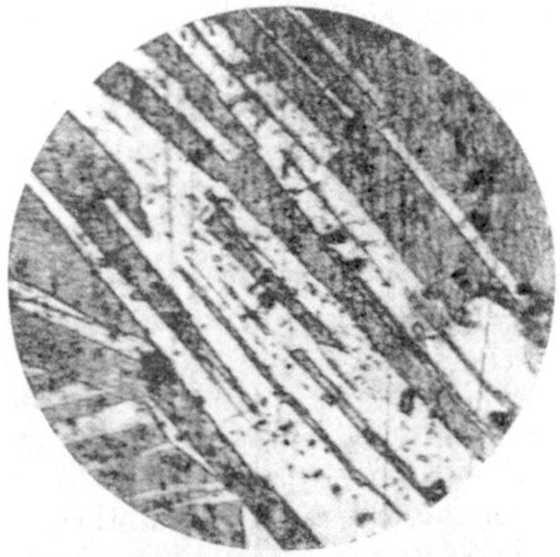

Abb. 2. Mit $KMnO_4 + H_2SO_5$-Lösung geätzte Zinkblende. Es kommt Wurtzit in hellen länglichen Leisten auf der dunkelgrauen Zinkblendegrundmasse vor. Reflektiertes Licht, 180 × vergrößert

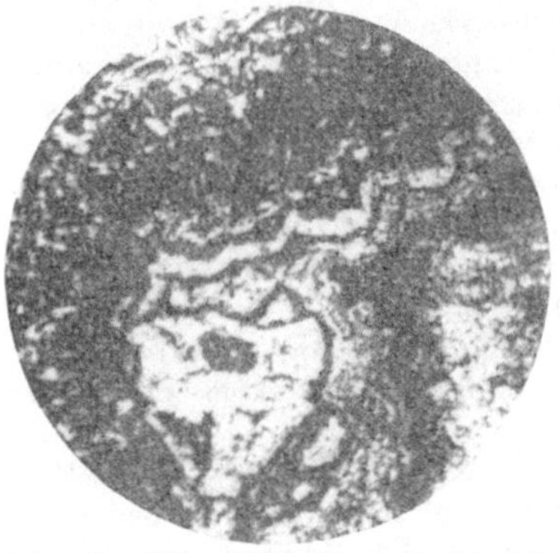

Abb. 3. Mit $KMnO_4 + H_2SO_4$-Lösung geätzte Zinkblende. Streifiger (faseriger) kryptokristalliner Bau. Reflektiertes Licht, 60 × vergrößert

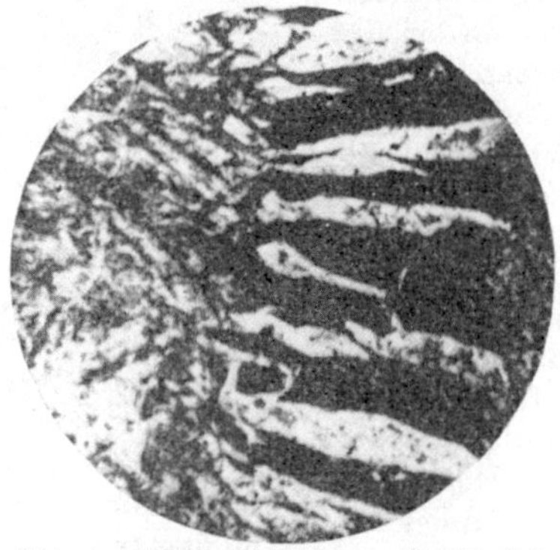

Abb. 4 Mit $KMnO_4 + H_2SO_4$-Lösung geätzte Zinkblende. Viellingsstreifung. Reflektiertes Licht, 60 × vergrößert

Der Bleiglanz kommt in den besprochenen Lagerstätten in Form von Verwachsungen in der Zinkblende vor oder bildet besondere Nester oder Gänge im Dolomit, wobei diese Gänge sehr oft vertikal zur Dolomitschichtung verlaufen. Die Bleiglanzgänge (manchmal auch -nester) sind besonders in den oxydierten Lagerstättenpartien oder im sogenannten Galmeierz des öfteren anzutreffen.

Die erwähnten akzessorischen Minerale, wie Jordanit, treten sehr selten in Form besonderer Kristalle oder Anreicherungen von solchen Ausmaßen auf, daß man sie makroskopisch bestimmen könnte. Normal bilden sie Mikroverwachsungen mit Blende oder Bleiglanz.

Diese Arbeit verfolgt den Zweck, Feststellungen zu treffen, ob die Spurenelement-Vergesellschaftungen in allen beschriebenen Blende- und Bleiglanzformen dieselben sind oder ob sie auch in Abhängigkeit von der Paragenese Veränderungen unterworfen sind. Gleichfalls sollten diejenigen Spurenelemente, die für die Lagerstätte als charakteristisch anzusehen sind, bestimmt werden.

Mikroskopische Untersuchungen

Für die mikroskopischen Untersuchungen im reflektierten Licht wurden Präparate reiner Zinkblende, von Schalenblende, mit Bleiglanz durchsetzt, sowie Blendeknollen mit Markasit- und Bleiglanz benutzt. Visuelle Beobachtungen ergaben, daß manche Blendepräparate mit gelbem CdS-Anflug bedeckt waren (s. Abb. 2–6).

In den polierten Plättchen reiner Zinkblende wurden bei sehr starker Vergrößerung (etwa 300×) feine Markasitverwachsungen von 1–20 und in einigen Präparaten aus den Gruben Waryński und Marchlewski Chalkopyritverwachsungen derselben Ausmaße wie oben festgestellt.

Nach Ätzung in einer mit konzentrierter H_2SO_4 bereiteten Kaliumpermanganatlösung wurde die sehr inhomogene Struktur dieses Minerals festgestellt. Gewisse Präparate weisen in der Anordnung der einzelnen Kristalle eine richtungslos feinstreifige Struktur auf. Viele dieser Kristalle von leistenartigem Bau besitzen deutliche anisotrope Eigenschaften, die auf Wurtzit hinweisen (Abb. 2). Durch Untersuchung der grauweißen Blendepräparate konnte nachgewiesen werden, daß die Blende einen vollständig kryptokristallinen, faserigen Bau (Abb. 3) besitzt. Auf einem der schwarz-graufarbigen Blendeobjekte wurden dicke Viellinge (Abb. 4) festgestellt. Aus obiger Beschreibung geht hervor, daß die untersuchten Präparate für die aus kolloiden Lösungen bei niedrigen Temperaturen auskristallisierte Blende typisch sind.

Die Struktur der beschriebenen, in unseren Lagerstätten vorkommenden Blende weist eine sehr große Ähnlichkeit mit der von SAINFELD erwähnten der Lagerstätte in Tunis auf.

In manchen Bleiglanzpräparaten wurden neben einigen sehr kleinen Pyritaggregaten sehr dünne weiße Streifen von stärkeren Reflexen wie bei Bleiglanz festgestellt. Sie wurden als Jordanit erkannt.

Alle untersuchten Bleiglanzpräparate wurden mit einem Alkoholauszug der Salpetersäure geätzt. Die

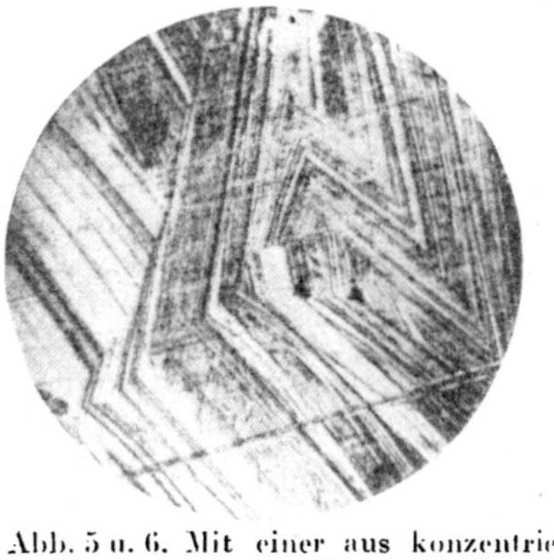

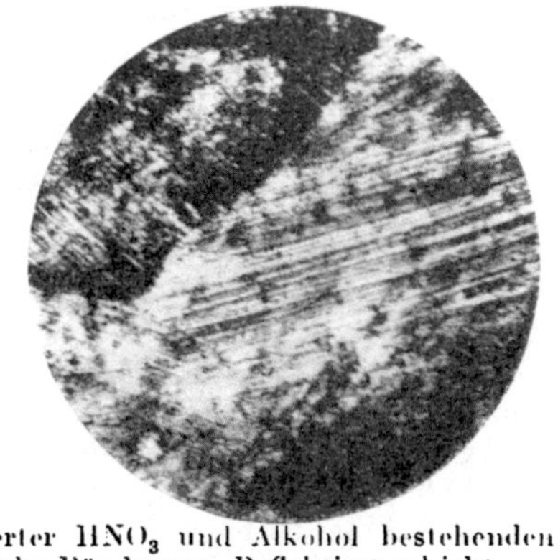

Abb. 5 u. 6. Mit einer aus konzentrierter HNO_3 und Alkohol bestehenden Lösung geätzter Bleiglanz. Deutliche Bänderung. Reflektiertes Licht, 60 × vergrößert

ihrem Bau zugehörenden Kristalle weisen eine feinschichtige (gebänderte) Struktur auf (Abb. 5, 6). Durch die Ätzung sind die Verwachsungen des Argentits besser hervorgetreten.

Die Struktur des von Verf. untersuchten Bleiglanzes ist also wieder für einen aus kolloiden Lösungen auskristallisierten Bleiglanz typisch. Sie ist mit der des von CZ. KUŹNIAR beschriebenen Bleiglanzes aus den Lagerstätten von Siewierz identisch.

In den gewöhnlich für Markasit gehaltenen Knollen wurden gewisse Schichten festgestellt, die nicht die Eigenschaften des Markasits aufweisen und als Pyrit erkannt sind. Daraus ist zu schließen, daß die chemischen Bedingungen bei der Bindung dieser Minerale Veränderungen unterworfen waren.

Die Vorbereitung des Materials für spektrographische Untersuchungen

Für die spektrographischen Untersuchungen wurden Erzproben aus den Gruben: Orzeł Biały, Waryński, Marchlewski entnommen. Die Proben wurden in Stücken von 100–200 kg Gewicht entnommen. Manche davon enthielten nur Zinkblende oder Bleiglanz, die frei von visuell wahrnehmbaren Verwachsungen mit anderen Mineralen waren. Andere wieder stellten Zinkblende mit Bleiglanzverwachsungen ohne Markasit dar, und als dritte Sorte wurde Schalenblende gewählt, die aus ZnS, PbS, FeS_2 zusammengesetzt ist. Galmeiproben wurden gesondert entnommen. Das Institut für Nichteisenmetalle in Gleiwitz hat Verf. freundlicherweise sehr wertvolle Sulfiderzproben, die auf halbindustrielle Weise gemahlen waren, und Flotationskonzentrate aus den Gruben Nowy Dwór, Bolesław, Balin, Trzebionka und Jaworzno zur Verfügung gestellt. Da es sich bei diesen Proben um Durchschnittsproben handelt, sind sie für die Spurenelementbestimmung besonders wertvoll. Von den Stückproben aus den Gruben: Orzeł Biały, Marchlewski und Waryński wurden ebenfalls polierte Schliffe oder wie die für mikroskopische Untersuchungen schon oben beschriebenen Präparate hergestellt.

Für die Spektralanalyse wurden sowohl die Stückproben (nach ihrer Reinigung), als auch die gemahlenen Proben und Konzentrate im Achatmörser ganz fein zerrieben.

Die qualitative Spektralanalyse

Die Spektralanalyse wurde mit einem Spektrographen von mittlerer Dispersion, dem sowjetischen Typ I. S. P.-22, durchgeführt. Als Erregungsquelle wurde ein Aktiviso-(aktywizo-)Bogen auf Wechselstrom (nach SWIĘCICKI, Modell Ps 39) benutzt. Die analysierte Probe wurde in Kohleelektroden von 5 mm Durchmesser, 25 mm Länge, Durchmesser des ausgehöhlten Kraters 3 und 5 mm bei 4 mm Tiefe, abgebrannt. Der Krater wurde mit 50 mg Probematerial gefüllt. Zwecks Beseitigung von Verunreinigungen wurden die Elektroden 20 Sekunden vorerhitzt. Die Expositionszeit der untersuchten Probe bei einer Stromstärke von 7 A betrug 30 Sekunden. Zwecks besserer Entdeckung leichtflüchtiger Elemente wurde eine Elektrode mit 6 mm tiefem Hohlraum und 2 mm Durchmesser benutzt. Die abgebrannte Probe hatte ein Gewicht von 20 mg.

Zur Feststellung der interessierenden Tl-Linien, deren intensivste Linie 5350, 46 Å im Cyanbandenspektrum liegt, wurden Kupferelektroden von 25 mm Länge, 5 mm Durchmesser sowie Kraterdurchmesser und -tiefe von 3 mm benutzt. Das Gewicht der untersuchten Probe betrug 20 mg, die Expositionszeit bei einer Stromstärke von 6 und 45 A 20–50 Sekunden.

Das Auftreten einer Linie irgendeines Elementes im Spektrum der gegebenen Probe wird als Beweis für die Anwesenheit dieses Elements angenommen. Um jedoch ganz sicher zu sein, ob die gegebene Linie tatsächlich die des ermittelten Elementes oder auch das Ergebnis eines z. B. durch die Koinzidenz mit Linien anderer Elemente verursachten Irrtums ist, müßte seine Anwesenheit mittels spektrographischer Tafeln nicht nur auf Grund der charakteristischen Linien, sondern auch nach den übrigen Linien des gegebenen Elementes festgestellt werden.

Kann man die Anwesenheit von Linien eines Elementes nicht feststellen, dann darf man nicht behaupten, daß es in der gegebenen Probe fehle, sondern muß zuerst den Einfluß verschiedener Faktoren überprüfen, z. B. Art der Apparatur, des photographischen Materials, der Erregungsart, der Expositionszeit u. a. Diese können die Ursache dafür sein, daß Linien eines gewissen Elementes sehr niedriger Konzentration überhaupt nicht auftreten. So kann z. B. die Anwesenheit geringer Thalliummengen in Erzen erst durch Anwendung der Azetylen-Sauerstoff-flamme als Erregungsquelle entdeckt werden. Im Flammenspektrum erscheint dann die grüne Thalliumlinie bei einem Gehalt von 10^{-3}–10^{-4}% des Elements im Erz.

Bei allen Untersuchungen der quantitativen und qualitativen Analyse haben wir Platten polnischer Produktion vom Typ G 22 (normal) angewandt, für die der Kontrastkoeffizient 0,67 $\pm$ 0,02 beträgt. Die Platten wurden im Entwickler vom Typ „Repro" bei einer Temperatur von 20° C und 3 Min. Dauer entwickelt.

Auf dem Hintergrund des Eisenspektrums als Vergleichsspektrum unter Anwendung der HARTMANNschen Blende (ohne Heben der Kassette), wurde mittels des Spektroprojektors vom Typ PS-18 und Benutzung des Atlasses von S. K. KALININ die Identifizierung der Linien durchgeführt. Nur in einigen Fällen wurde die Interpolationsformel nach CARNU-HARTMANN benutzt. Silber kommt als Element fast ständig in geringeren oder größeren Mengen in allen untersuchten Proben vor. Das zweite Element, das sich ebenfalls in jeder Probe wiederholt, wenn auch nur spurenweise, ist Arsen. Eine Ausnahme stellt vielleicht das Konzentrat aus der Grube Balin dar, in dem dieses Element nicht festgestellt werden konnte. In den oxydierten Erzen ist die Konzentration dieses Elements stärker als Verf. es weiter unten in der quantitativen Bestimmung nachweisen können. Sr wurde ebenfalls in fast jeder untersuchten Probe festgestellt. Aus technischen Gründen wurde es nicht quantitativ untersucht.

Das Auftreten der anderen Elemente ist unstet und unterliegt innerhalb der Lagerstättenerstreckung ständigen Schwankungen. Im Nachstehenden führen Verf. das Vorkommen dieser Elemente in den einzelnen Gruben auf Grund der erzielten Daten in fragmentarischer Weise an. Doch verfügen Verf. nicht über derart umfangreiches Material, um im Bereich einer Grube die oben erwähnten Schwankungen im Auftreten der Elemente nachzuweisen.

Au wurde nur in den Zinkblendepräparaten aus der Grube Waryński festgestellt.

Ba kommt im allgemeinen öfter vor. Es wurde in reiner Zinkblende aus den Gruben Marchlewski und Waryński in Paragenese mit Bleiglanz und Markasit und

In den Blei-Zinkerzen von acht Gruben auftretende Spurenelemente

	Grube Orzeł Biały				Gr. Waryński					Gr. Marchlewski				Gr. Nowy Dwór			Gr. Bolesław		Gr. Balin	Gr. Trzebionka	Gr. Jaworzno		
	Zinkblende	Zinkblende + Bleiglanz + Markasit	Bleiglanz	Galmei	Zinkblende	Zinkblende + Bleiglanz	Zinkblende + Bleiglanz + Markasit	Bleiglanz	Galmei	Zinkblende	Zinkblende + Bleiglanz	Zinkblende + Bleiglanz + Markasit	Bleiglanz	Erz, aufb. gem. (ZnS, PbS, FeS_2)	Flotationskonzentrat	Flotationskonzentrat ZnS	Flotationskonzentrat ZnS	Galmei, aufb.	Erz, gem. ZnS, PbS, FeS_2	Erz, gem. (Galmei + PbS)	Erz, gem. (Galmei + PbS)	Aufb., gem. Bleiglanz	Flotationskonzentrat von Bleiglanz
Ag	Sp	+	+	+	−	+	+	+	−	+	+	+	+	−	+	+	+	+	+	+	+	+	+
Al	+	+	−	+	+	+	+	+	+	Sp	+	+	+	+	+	+	+	+	Sp	+	+		+
As	+	+	−	+	−	−	+	+	−	+	+	+	+	Sp	+	+	+	Sp	−	Sp	Sp	Sp	+
Au	−	−	−	−	+	−	−	−	−	−	−	−	−	−	−	−	−	−	−	−	−	−	−
Ba	−	−	−	−	+	+	+	+	+	−	−	+	+	+	+	−	−	−	−	−	+	−	+
Be	+	−	−	−	−	−	−	−	−	−	−	−	−	−	−	−	−	+	+	−	−	−	−
Bi	−	−	−	−	−	−	−	−	+	−	−	−	−	+	−	−	+	+	−	−	Sp	Sp	−
Ca	Sp	+	+	+	+	+	+	+	+	−	+	+	+	+	+	+	+	+	+	+	+	+	+
Cd	+	+	+	+	+	−	+	+	+	+	+	+	+	−	−	+	Sp	Sp	+	+	+	+	+
Co	+	+	−	−	−	−	−	−	−	+	+	−	+	+	+	+	+	+	+	−	+	−	Sp
Cr	−	−	−	+	−	−	−	−	−	−	−	−	−	+	Sp	+	−	+	−	−	Sp	Sp	−
Fe	+	+	+	+	+	+	+	+	+	+	+	+	+	+	+	+	+	+	+	+	+	+	+
Cu	−	−	−	+	+	+	+	+	+	+	+	+	+	+	+	−	+	+	+	−	−	−	−
Ga	−	−	−	−	+	−	−	−	−	−	−	−	−	−	−	−	−	−	−	−	−	−	−
Ge	+	+	−	−	−	−	−	−	+	+	−	+	−	−	−	++	−	Sp	−	−	−	−	−
Hf	−	−	−	−	+	+	−	+	+	−	−	+	−	−	−	−	−	−	−	−	−	−	−
Hg	−	−	−	−	−	−	−	−	+	−	−	−	−	−	−	−	−	−	−	−	−	−	−
In	+	+	+	−	+	−	+	−	−	−	−	−	−	−	+	+	+	+	−−	−	+	+	+
Mg	+	+	+	+	+	+	+	+	+	−	+	+	+	+	+	+	+	+	+++	+	+	+	+
Mn	−	+	−	+	+	+	+	+	+	−	+	+	−	+	+	−	+	+	+	+	+	−	+
Mo	−	−	−	−	+	+	+	+	−	−	−	−	−	−	−	−	−	Sp	+	−	−	−	−
Na	−	+	−	−	−	+	−	+	−	−	−	−	+	−	+	−	+	+	+	−	−	−	−
Ni	−	+	−	−	−	−	−	−	+	+	−	+	Sp	−	−	+	−	−	−	−	+	−	Sp
Os	−	−	−	−	−	−	−	−	−	+	−	−	−	−	−	−	−	−	−	−	−	−	−
Pb	+	+	+	+	+	+	+	+	+	Sp	+	+	+	+	+	+	+	+	+	+	+	+	+
Pr	−	−	−	−	−	−	−	+	−	−	−	−	−	−	−	−	−	−	−	−	−	−	−
Pt	−	−	−	−	−	+	−	+	−	−	−	−	−	+	−	−	−	+	−	−	−	−	−
Re	−	−	−	−	−	−	−	−	−	+	−	−	−	−	−	−	−	−	−	−	−	−	−
Rh	−	−	−	−	−	−	−	−	−	−	+	−	−	−	−	−	−	−	−	−	+	−	+
Ru	−	−	+	−	−	−	−	−	−	+	−	−	−	−	−	−	−	−	−	−	−	−	−
Sb	−	+	−	−	+	+	+	+	−	−	+	Sp	−	−	+	−	−	−	−	−	−	−	−
Sc	−	−	−	−	+	−	+	−	−	+	−	−	−	−	−	−	−	−	−	−	−	−	−
Si	−	+	−	Sp	+	+	+	+	+	+	+	+	−	+	+	−	+	+	−	−	−	−	+
Sn	−	−	−	−	−	−	+	+	−	−	−	−	−	−	−	−	−	−	−	−	+	−	Sp
Sr	+	+	−	−	+	+	+	+	+	−	+	+	+	+	+	+	+	+	+	−	−	+	+
Ta	−	−	−	−	+	−	−	Sp	−	−	−	−	−	−	−	−	−	−	+	−	−	−	−
Th	−	−	−	+	−	−	+	+	+	−	−	−	−	−	−	−	−	−	−	−	−	−	−
Ti	+	+	−	+	+	+	+	+	+	+	+	+	+	+	+	Sp	+	+	+	+	+	+	++
Tl	+	−	−	−	−	−	−	−	−	+	−	Sp	−	−	−	−	−	−	−	−	−	−	−
U	−	−	−	−	−	−	+	+	+	−	−	+	−	−	−	−	−	−	+	−	−	−	−
V	−	−	−	−	−	−	+	+	−	−	−	−	−	−	−	−	+	+	−	−	+	−	−
Zn	+	+	−	+	+	+	+	+	+	+	+	+	+	+	+	+	+	+	+	+	+	+	+
Zr	−	−	−	−	+	−	+	+	−	−	−	−	−	+	−	+	−	−	−	−	−	−	−

in Markasitpräparaten festgestellt. Es kommt selbst im Bleiglanz der Grube Marchlewski vor.

Be wurde in der Zinkblende aus Biały Orzeł, im Galmei aus Bolesław und im gemahlenen Erz (ZnS, PbS, FeS_2) aus Balin festgestellt.

Bi gehört den seltener anzutreffenden Elementen an. Es wurde in den Galmeiproben aus der Grube Waryński und im gemahlenen Erz aus Nowy Wwór, in den aufbereiteten Zinkblendekonzentraten und in dem gewaschenen Galmei aus der Grube Bolesław ermittelt.

Co wurde im gemahlenen Erz aus Nowy Dwór, Bolesław, Balin, im Galmei aus Jaworzno und in den Präparaten reiner Zinkblende und ihren Verwachsungen mit Bleiglanz aus den Gruben Orzeł Biały und Marchlewski beobachtet.

Cr gehört zu den nur sporadisch auftretenden Elementen.

Cu ist charakteristisch sowohl für Zinkblende als auch für Bleiglanz aus den Gruben Marchlewski, Waryński, Nowy Wwór, Bolesław und Balin. In Trzebionka und Jaworzno kommt es überhaupt nicht vor.

Ga kommt selten vor. Es wurde in einem Präparat Zinkblende aus der Grube Waryński nachgewiesen.

Ge tritt in wechselnder Weise auf, und eine Abhängigkeit seines Auftretens von As konnte nicht festgestellt werden.

As konnte in größeren Mengen in den aufbereiteten Konzentraten aus der Grube Nowy Dwór, in Proben reiner Blende sowie in Paragenese mit Bleiglanz und Markasit aus der Grube Orzeł Biały, im Bleiglanz der Grube Waryński, Marchlewski ermittelt werden. In den gemahlenen Erzen aus den Gruben Bolesław, Balin, Trzebionka, Jaworzno wurde Arsen in nur geringen Mengen festgestellt.

Hf und *Zr* wurden in den Präparaten aus den Gruben Waryński, Marchlewski und Now Dwór nachgewiesen.

Hg konnte nur in einer Galmeiprobe aus der Grube Waryński ermittelt werden.

In ist ein öfter auftretendes Element und kommt sowohl in Zinkblende als auch im Bleiglanz vor. In den gemahlenen Erzen aus den Gruben Nowy Dwór, Bolesław, Jaworzno, Orzeł Biały, Waryński wurde

Indium festgestellt. In Erzen der Gruben Marchlewski Balin und Trzebionka wurde es überhaupt nicht gefunden.

Mo kommt im allgemeinen selten vor. Es konnte im Galmei der Grube Bolesław, im gemahlenen Erz aus Balin sowie in Blenden und Bleiglanz der Grube Waryński festgestellt werden.

Ni kommt seltener als Kobalt vor. Es konnte in den aufbereiteten Konzentraten der Grube Nowy Dwór, im Galmei aus Jaworzno, in Schalenblende aus Orzeł Biały, im Galmei der Grube Waryński in reiner Zinkblende und in Schalenblende aus der Grube Marchlewski festgestellt werden.

Os wurde nur in Zinkblende aus der Grube Marchlewski festgestellt.

Re und *Rh* kommen nur selten und in winzigen Mengen vor. Aus ihrem Auftreten kann man keine genetischen Folgerungen ziehen.

Sb wurde in Bleiglanzkonzentraten aus Nowy Dwór, in reiner Blende aus der Grube Waryński und in Schalenblende aus den Gruben Orzeł Biały und Waryński festgestellt. Im Galmei der Grube Waryński, im Bleiglanz der Grube Marchlewski und in den gemahlenen Erzen aus den Gruben Jaworzno, Trzebionka und Balin konnte Antimon nicht festgestellt werden.

Sn gehört zu den seltener vorkommenden Elementen. Es konnte in den gemahlenen Erzen aus Balin, Trzebionka sowie in einzelnen Proben der Schalenblende und im Bleiglanz aus der Grube Waryński festgestellt werden.

Th und *U* kommen in den Erzen selten vor. Thorium wurde in Schalenblende aus der Grube Waryński und im Galmei aus Orzeł Biały festgestellt. Dagegen kommt Uran im gemahlenen Erz aus Balin, in den Präparaten der Schalenblende im Bleiglanz und im Galmei aus der Grube Waryński aber auch im Bleiglanz der Grube Marchlewski vor.

Va kommt seltener vor und wurde in Blende und im Bleiglanz der Grube Bolesław, in Schalenblende und im Bleiglanz der Grube Waryński, im Galmei der Grube Jaworzno sowie in Schalenblende der Grube Marchlewski ermittelt.

Ta, *Sc* und *Pr* wurden nur in einzelnen Blende- und Galmeiproben aus der Grube Waryński festgestellt. Im Probenmaterial aus anderen Gruben wurden diese Elemente überhaupt nicht festgestellt.

Tl wurde nur in reiner Zinkblende aus den Gruben Orzeł Biały und Marchlewski in Konzentrationen, die noch eine quantitative Bestimmung möglich machen, sowie spurenweise in Proben der Schalenblende aus der Grube Marchlewski ermittelt. Sowohl in einzelnen Proben wie auch in den Blende- und Bleiglanzpräparaten aus anderen Gruben konnte dieses Element nicht festgestellt werden. Deshalb können wir die These HARAŃCZYKs von der Abhängigkeit, die zwischen diesem Element und Arsen bestehen soll, nicht bestätigen. Da HARAŃCZYK seine These sogar in Form von Diagrammen dargestellt hat, wurden die Untersuchungen dieses Elementes besonders gewissenhaft durchgeführt. Die Ergebnisse fielen negativ aus. Es ist kein Ausnahmefall, wenn von uns ein stetiges Auftreten von Thallium in der Zinkblende der schlesisch-krakauer Lagerstätten nicht ermittelt werden konnte. Aus der Arbeit FRYKLUNDs und FLETCHERs geht hervor, daß auf der Zinkblendelagerstätte der Grube Star im Bezirk Cœur d'Alene, Idaho, dieses Element sowie Zinn gleichfalls fehlen.

Die quantitative Analyse

Zur Ermittlung des prozentualen Gehalts an Cd, As und Ag in unseren Erzen wurde die quantitative Analyse mittels einer leitprobenfreien Methode durchgeführt. Der Analysenverlauf wird nachstehend beschrieben.

Zuerst wurde jede Eichprobe je 10 × mit einem Quarzstufenfilter bei verschiedenen Abschwächungsstufen und einer Spaltbreite des Spektrographen von 0,005 mm während 1 Min. 40 Sek. fotografiert, wobei fotografische Platten vom Typ G 22 angewandt wurden. Auf dieselbe Weise wurden die untersuchten Proben aufgenommen. Für jedes Spektrum wurde ein Diagramm der Abhängigkeit des log I vom log S hergestellt, und der log der relativen Intensität (log R) berechnet. Für jedes Muster und für jede untersuchte Probe wurde das Mittel R berechnet. Daraufhin wurde ein geeichtes Diagramm angefertigt, auf dessen Abszisse der log Konzentration (log c) für jedes Muster in Abhängigkeit vom Mittelwert des log R eingetragen wurde. Die auf dem geeichten Diagramm eingetragenen Abschnitte stellen den mittleren Fehler der Mittelgrößen dar.

Da aber Intensitätsrelationen und nicht, wie bei der leitprobengebundenen Methode die Schwärzungen ermittelt werden sollten, konnten die Muster und die analysierten Proben auf verschiedenen fotografischen Platten aufgenommen werden, wobei die Ergebnisse von den Eigenschaften der Platten unabhängig waren.

Nachdem Verf. die Kurve für die Eichproben und für das Mittel des log R der analysierten Probe erhalten hatten, konnte die Konzentration aus dem Diagramm abgelesen werden.

Nach RUSANOW erzielt man bei der quantitativen Analyse die besten Ergebnisse durch Anwendung von pulverisierten Mustern, deren chemische Zusammensetzung der der zu untersuchenden Proben annähernd gleich ist. Die besten Ergebnisse erreicht man dann, wenn Muster von pulverisierten Erzen angewendet werden, die aus der gleichen Lagerstätte wie die analysierte Probe stammen.

Als Muster für die quantitative Bestimmung des Silbergehalts im Bleiglanz oder des Kadmiums und Arsens in aufbereiteten Konzentraten wurden für diese Arbeit Bleiglanz aus musealen Schaustücken, der einen spektral erfaßbaren Silbergehalt nicht enthielt, sowie arsenfreies gemahlenes Erz aus der Grube Balin benutzt. Das gleiche Erz wurde als Muster für Kadmium benutzt. Dabei wurde aber die in ihm enthaltene Menge dieses Elements von der, die in den untersuchten Proben gefunden wurde, abgerechnet.

Die Eichproben wurden in folgender Weise vorbereitet: Zuerst wurden Erze im Achatmörser zu Pulver zerrieben, darauf durch ein $10000/cm^2$ Sieb gesiebt. Danach wurden den auf diese Weise zerriebenen Erzen berechnete Mengen von den gesuchten Elementen in Sulfidform zugeführt und das Ganze während 5 Stunden nochmals zerrieben. Da sich aber die Gefahr der Ungenauigkeit beim Anfertigen von Eichproben ungleichartiger Zusammensetzung bei gleichzeitiger Verringerung der Konzentration des untersuchten Elements erhöht, wurde jede Probe mit dem gegebenen Erz verdünnt. Nach jeder Verdünnung wurde die Probe 2 Stunden gerieben und gemischt.

Durch die beschriebene Verdünnung wurden folgende Eichproben erhalten:
für Ag: 0,1%, 0,07%, 0,05%, 0,01%, 0,007%, 0,004%;
für As: 0,1%, 0,07%, 0,03%, 0,003%.

Cd wurde als innerer Standard für As eingeführt; deshalb ist sein Gehalt in den Erzen nur als annähernd anzunehmen.

In dieser Arbeit wurden folgende Linien fotometriert:

für Ag 3280,68 Å für As 2349,84 Å
für Cd 3261,057 Å

Zusammenfassung der Ergebnisse

1. Durch die mikroskopischen Untersuchungen an Proben von Zinkblende aus den Gruben Orzeł Biały, Waryński, Marchlewski wurde das Vorhandensein einer streifigen, gebändert faserigen (dichten oder kryptokristallinen) und grobkörnigen Struktur nachgewiesen. In den streifigen Blenden kommt Wurtzit (Abb. 2) in größeren Mengen vor. Die grobkörnigen Blenden weisen eine Viellingsbildung (Abb. 4) auf. Durch die mikroskopischen Untersuchungen wurde bei Bleiglanz eine streifige Bildung nachgewiesen. Die mineralischen Bilder der erwähnten Minerale deuten auf eine Bildung aus kolloiden Lösungen, und nach SAUKOW können sie als Metakolloide betrachtet werden.

2. Die spektrographische Untersuchung hat sowohl in einzelnen Zinkblende- und Bleiglanzpräparaten als auch in den auf halbindustrielle Art hergestellten Mahlprodukten dieser Erze sowie in den aufbereiteten Konzentraten Ag, Cd, As, als die hauptsächlich auftretenden chalkophilen Spurenelemente, nachweisen können. Die Elemente Cu, In, Sb treten in den Erzen häufiger auf. Dagegen sind solche Elemente wie Ni, Co, Au, Bi, Cr, Sn, Ge, Ga, Tl, Ba, Hg, Mo in diesen Erzen selten oder sehr selten vertreten, und es ist schwierig, dabei Spurenelement-Vergesellschaftungen zu erkennen. Nach der Art ihres Auftretens sind die erwähnten Elemente vielmehr als zufällige zu betrachten.

3. Die Elemente Ag, Cd, As, Cu und Sb treten in Form getrennter, mit der Zinkblende und dem Bleiglanz innig verwachsener Minerale geringster Ausmaße auf. Auch ist schwer zu sagen, welche Art von Bindungen die anderen genannten Elemente aufweisen. Mit großer Wahrscheinlichkeit könnte man behaupten, daß die Elemente In, Ge, Ga, Tl, Hg isomorph an Zn oder Pb gebunden sind.

4. Neben den erwähnten chalkophilen Elementen wurden in den untersuchten Erzen ebenfalls lithophile, wie Si, Ti, Al, Ca, Mg, Mn, Na festgestellt.

5. Strontium ist das für die schlesisch-krakauer Blei-Zinkerze charakteristische Element. Es kann als Leitelement für die genannten Erze betrachtet werden.

6. Das in den untersuchten Erzen auftretende Thallium gehört den Zufallselementen an. Nur in gewissen Zinkblendepräparaten und nur in einigen Gruben (Tabelle) tritt es gemeinsam mit Arsen auf.

7. Germanium, das bekanntlich in Zinkblenden amerikanischer Lagerstätten in größeren Mengen vorkommt, tritt in den schlesisch-krakauer Lagerstätten sehr unregelmäßig auf. Nur in den aufbereiteten Zinkblendekonzentraten aus der Grube Nowy Dwór wurde es in größeren Mengen festgestellt.

8. Die schlesisch-krakauer Blei-Zinkerzlagerstätten sind überwiegend sulfidisch. Stellenweise haben sich diese Lagerstätten in oxydische (Galmei-) Lagerstätten umgewandelt.

Schlußfolgerungen

Aus der beschriebenen Struktur der Zinkblende, neben der noch bedeutende Mengen an Wurtzit und Bleiglanz anzutreffen sind, sowie auf Grund des Auftretens von Cd, Ag, As als wichtigste Spurenelemente und der anderen, in Punkt 2 der Zusammenfassung der Ergebnisse erwähnten chalkophilen Elemente in diesen Erzen, kann man folgern, daß sie Kristallisationsprodukte aus kolloiden Lösungen von niedriger Temperatur oder epithermale Erze sind; lokale Temperaturschwankungen der Lösungen sind dabei nicht ausgeschlossen. Die Anwesenheit von Strontium und anderen lithophilen Elementen in diesen Erzen deutet auch auf einen gewissen Einfluß oxydierender Faktoren, z. B. Grundwässern, während ihrer Bildung hin, wobei sogar eine mögliche Mischung der Erzlösungen mit diesen Wässern nicht ausgeschlossen war.

In späteren Zeitabschnitten, schon nach Abscheidung der Sulfiderze, erhöhte sich die Konzentration der Grunderze, wodurch eine Umwandlung dieser Lagerstätten in Galmeilagerstätten erfolgen konnte.

Die in dieser Arbeit angeführten Bemerkungen werfen ein gewisses Licht auf die Genesis der besprochenen Lagerstätten. Zwecks Erzielung genauer Erkenntnisse über diese Lagerstätten scheint eine gründliche petrographische Bearbeitung sowohl auf Grund der Ergebnisse von den letztens durchgeführten geologischen Untersuchungen als auch mittels der jetzigen Untersuchungsverfahren im Laboratorium erforderlich zu sein. Nur durch eine von Spezialisten verschiedener Disziplinen durchgeführte Kollektivarbeit kann der von der polnischen Wissenschaft so sehr erwartete Erfolg — die unzweideutigen Erkenntnisse über die Genesis der besprochenen Lagerstätten — erzielt werden. Hierbei ist zu erwähnen, daß die Frage der schlesisch-krakauer Blei-Zinkerzlagerstätten Gegenstand des Interesses nicht nur der polnischen Wissenschaft ist. Die unlängst von K. KEIL veröffentlichte Arbeit, in der der Autor sich bemüht, die syngenetische Entstehung dieser Lagerstätten zu beweisen, zeugt davon, daß auch im Ausland ein Interesse an dieser Frage besteht.

Literatur

BOROWIK-KOMANOWA, T. F: Spektralanalytische Bestimmung der Alkali- und Erdalkalielemente (russ.). — Ak. d. Wiss. d. UdSSR, Moskau 1956.

FRYKLUND, V. C. & J. J. FLETCHER: Geochemistry of sphalerite from the Star mine Cœur d'Alene, district Idaho. — „Economic geology" 1956, Nr. 3.

GAŁKIEWICZ, T.: Die Genesis der schlesisch-krakauer Blei-Zinklagerstätten (poln.). — „Erze und Nichteisenmetalle" 1956, Nr. 1.

HARAŃCZYK, CZ.: Über einige Gesetzmäßigkeiten beim Auftreten von Spurenelementen in Mineralien der Schlesisch-Kraukauer Trias (poln.). — „Przeglad Geologiczny" 1956, Nr. 8.

— Die ersten Ergebnisse beim Nachweis von Spurenelementen in den Erzmineralien einiger polnischer Lagerstätten mittels Spektraluntersuchungen. Materialien zur Geologie des schlesisch-krakauer Gebietes (poln.). — Bull. 107 des Geol. Instituts, Warszawa 1956.

KEIL, K.: Die Genesis der Blei-Zinkerzlagerstätten von Oberschlesien (Górny Ślask-Polen). — „Geologie", Beih. 15, 1956.

KUŹNIAR, CZ.: Die Bleierzlagerstätten bei Siewierz. — Berichte des Staatlichen Geologischen Instituts, Band VII, Heft 1, Warszawa 1932.

MANDELSTAM, S. L.: Einführung in die Spektralanalyse (russ.). — Moskau 1946.

PROKOFJEW, W. K.: Spektralanalyse schwer anregbarer Elemente (russ.). — Ak. d. Wiss. d. UdSSR, Moskau 1945.

— Fotografische Methoden der quantitativen Spektralanalyse von Metallen und Legierungen, Band I und II, Moskau 1951.

ROMANOWSKI, W. I.: Grundprobleme der Fehlertheorie (poln.). — Warszawa 1950.

RUSANOW, A. K.: Spektralanalyse schwer anregbarer Elemente (russ.). — Moskau 1954.

SAINFELD, P.: The lead-bearing deposits of Tunisia. — „Economic Geology" 1956, Nr. 2, Vol. 51.

SAUKOW, A.: Geochemia (poln. Übersetzung des sowjetischen Werkes). Wyd. Geolog., Warszawa 1953.

Die chemische Analyse im Dienste der Lagerstättenbemusterung der Staatlichen Geologischen Kommission

HANS GRASSMANN, Berlin

Im Oktober 1958 ist im Bereich der Staatlichen Geologischen Kommission eine Anweisung „Vorläufige Richtlinien für die organisatorische Durchführung und die Kontrolle von chemisch-analytischen Arbeiten" in Kraft getreten. Diese im folgenden kurz „Richtlinien" genannte Anweisung gibt Vorschriften darüber, wie die Auftragserteilung zur Ausführung chemischer Analysen für die Lagerstättenerkundung an die Laboratorien erfolgen soll und wie die Exaktheit der Analysen zu überwachen ist.

Bei flüchtiger Betrachtung könnte die Meinung auftreten, daß hier zwei Dinge gekoppelt wurden, die keinen inneren Zusammenhang haben, und daß der erste Teil eine nur formale Angelegenheit sei. Daß dem aber nicht so ist, wird in den nachstehenden Ausführungen zu zeigen versucht.

Entwicklung der Aufgaben und der Arbeitsmittel der chemischen Laboratorien

Die Zahl der im Zusammenhang mit der Lagerstättenbemusterung verlangten und ausgeführten Analysen ist in den letzten Jahren stark angestiegen, und der durchschnittliche Umfang der einzelnen Analysen, d. h. die Zahl der je Analyse zu bestimmenden Elemente bzw. Bestandteile, hat außerdem stetig zugenommen. Diese Entwicklung wird durch folgende Zahlen gekennzeichnet:

Statistik der chemischen und spektrochemischen Analysen des Zentrallaboratoriums der Staatlichen Geologischen Kommission

Chemisch-quantitative und spektrochemische Bestimmungen (jeder Bestandteil einzeln gerechnet), ohne die im unmittelbaren Zusammenhang mit keramisch-technischen Untersuchungen ausgeführten:

1952	= 15944
1953	= 28836
1954	= 38934
1955	= 50711
1956	= 64207
1957	= 69940

Bei diesen Zahlen ist noch zu berücksichtigen, daß seit 1955 eine zunehmende Menge von Analysen in den Laboratorien der Geologischen Dienste und Objektgruppen zusätzlich gemacht wird.

In früheren Jahrzehnten wurde bei weitem nicht ein so großes Maß von analytischer Arbeit für die Lagerstättenerkundung aufgewendet. Die angeführten Zahlen kennzeichnen die in jüngerer Zeit eingetretene Ausweitung und Intensivierung der geologischen Erkundungstätigkeit. Ursache für diese Entwicklung ist u. a. auch die Notwendigkeit, ärmere Lagerstätten bzw. Lagerstättenteile, bei denen ein geringes Mehr oder Weniger an Gehalt des Hauptinhaltsstoffes oder geringe Gehalte an Begleitelementen für die Frage der Nutzbarkeit entscheidend sind, festzustellen und zu untersuchen. So nimmt die Bedeutung der analytischen Chemie für die praktische Geologie ständig zu.

Der großen Steigerung der Anforderungen konnte in den vergangenen Jahren aus verschiedenen Gründen nur mit einer verhältnismäßig bescheidenen Vergrößerung der Laboratoriumskapazität begegnet werden.

Aus grundsätzlichen und praktischen Erwägungen heraus wurde vor rd. 5 Jahren eine Verlagerung der analytischen Arbeit in die einzelnen Geologischen Dienste bzw. an die Objekte eingeleitet. Durch diese neueingerichteten Laboratorien dürfte allmählich eine gewisse Entlastung des bisher stets mit Serien von Untersuchungsarbeiten aller Art überschütteten Berliner Zentrallabors spürbar werden. Dieses muß sich mehr Spezial-, Entwicklungs- und Kontrollarbeiten widmen können.

Die Arbeit an der Vervollkommnung der Methodik auf Grund der Prüfung von Literaturangaben und von eigenen Ideen hat zwar in den vergangenen Jahren nie ganz geruht — erwähnt seien beispielsweise der weitgehende Ersatz des sehr giftigen Schwefelwasserstoffgases durch andere Reagenzien und Methoden, die Einführung der Ionenaustauschmethoden für eine ganze Reihe von Trennungen, die vielseitige Anwendung der „Komplexometrie", der Ausbau der Spektrochemie in Richtung auf die quantitative Spektralanalyse mit Hilfe neuer, z. T. selbst konstruierter Geräte. Aber diese Arbeiten haben immer unter dem schweren Druck der Zeitnot wegen der Termine für die Erledigung massenhaft vorhandener laufender Arbeit gestanden, der Arbeit, deren künftige bessere Bewältigung das Ziel der Entwicklungsarbeiten war. Eine weitere Verbesserung der Methodik zum Zwecke der Beschleunigung der Analysen unter Wahrung der im einzelnen Falle erforderlichen Genauigkeit ist notwendig.

Aussichtsreiche Ideen für die weitere Entwicklung der Methodik sind genügend vorhanden, dabei braucht man noch nicht einmal an die verschiedenen auf künstlicher Radioaktivität beruhenden Verfahren mit ihrem teilweise erheblichen Aufwand für Apparaturen und Schutzvorkehrungen zu denken. Was die physikalischen bzw. physikochemischen Verfahren betrifft, die ja am meisten für eine Teilautomatisierung der Analyse geeignet sind, so eröffnen z. B. die weitere Untersuchung der Möglichkeiten der Polarographie und der Amperometrie (einer Abart der Polarographie) in Verbindung mit der Anwendung von Komplexonen und die Einführung der Röntgenspektrometrie gute Aussichten.

Forderungen der Laboratorien an die Geologen

In den nächsten Jahren wird noch eine große Zahl weiterer junger Geologen die praktische Tätigkeit aufnehmen und als Auftraggeber der Laboratorien in Erscheinung treten. Trotz aller Anstrengungen zur Rationalisierung der Arbeit werden die Laboratorien daher voraussichtlich in absehbarer Zeit nicht in der Lage sein, allen Wünschen in bezug auf Zahl, Umfang und Schnelligkeit der Analysen immer voll nachzukommen. Die Geologen können aber selber viel zur Erreichung dieses Zieles beitragen. Ein wesentlicher Faktor dabei ist die Rationalisierung des Untersuchungsbetriebes durch Erreichung eines möglichst gleichmäßigen Anfalls der Bemusterungsproben und die Beschränkung auf sachlich gut begründete Anforderungen.

Ebenso wie eine zeitweilige Häufung von Großaufträgen ist aber auch eine Verzettelung der Kräfte durch zahlreiche verschiedenartige oder sich vielfach wiederholende Einzelarbeiten zu vermeiden. Denn sonst ist es oft erforderlich, für eine an und für sich kleine Aufgabe gerade eben weggestellte Apparaturen wieder aufzubauen und evtl. zu justieren, neue Lösungen der u. U. nur kurz haltbaren speziellen Reagenzien herzustellen und zu prüfen, mit einem Zeitaufwand, der bei Durchführung einer größeren Zahl von gleichartigen Analysen auch nicht größer gewesen wäre.

Eine große Hilfe für den Analytiker ist die weitgehende Kenntnis der qualitativen und größenordnungsmäßigen Zusammensetzung der quantitativ zu untersuchenden Materialien. Da die Proben aus ein und derselben Lagerstätte in ihren Gehalten an den zu bestimmenden Elementen um mehrere Zehnerpotenzen schwanken können, ist es oft erforderlich, für die gleiche Probenserie mehrere verschiedene analytische Verfahren anzuwenden. Eine weitere Notwendigkeit zur Abwandlung der Methodik ergibt sich häufig durch die Anwesenheit störender Begleitelemente. Es ist klar, daß viel Vorarbeit, anfängliche Fehlschläge und somit Zeitverluste vermieden werden, wenn von vornherein eine möglichst gute Kenntnis der qualitativen Zusammensetzung und der ungefähren quantitativen Verhältnisse einer Probenserie im ganzen und womöglich für einzelne Probengruppen innerhalb der Serie vorhanden ist.

Im Zentrallabor und in einigen anderen Laboratorien besteht bereits jetzt die Möglichkeit, diese Kenntnisse durch eine spektrochemische Voruntersuchung zu erhalten. Auf diese Weise werden erstens Proben mit sehr geringen Gehalten vor der Anwendung von zeit- und materialaufwendigeren Methoden ausgeschaltet, wird zweitens die Wahl der jeweils günstigsten quantitativen chemischen Methode erleichtert und wird drittens in vielen Fällen der Analysengang selbst durch Einschaltung quantitativer spektralanalytischer oder flammenphotometrischer Arbeitsgänge in die Gesamtanalyse vereinfacht.

Aber eine besondere spektrochemische Voruntersuchung ist nicht überall und nicht immer durchführbar, und deshalb wird die Angabe von auf anderem Wege erhaltenen Kenntnissen bezüglich des chemischen und mineralogischen Charakters des Untersuchungsmaterials in den „Richtlinien" verlangt.

Die übrigen im Abschnitt 2 der „Richtlinien" an die geologische Seite bezüglich der Auftragserteilung von Analysen gestellten Forderungen erscheinen mehr oder weniger selbstverständlich, und ihre Erfüllung ist in der Praxis z. T. bereits zur Gewohnheit geworden.

Ein weiterer Gedanke, der die Arbeitsverteilung in überbezirklichem Rahmen betrifft, hat in den „Richtlinien" zunächst noch keine Aufnahme gefunden. Aus Gründen der Wirtschaftlichkeit ist es vielleicht anzustreben, daß die Laboratorien der einzelnen Geologischen Dienste sich auf bestimmte Untersuchungen spezialisieren und diese grundsätzlich für den gesamten Bereich der St.G.K. ausführen. In gewissem Umfang besteht eine derartige Regelung bereits in der Tätigkeit der Laboratorien des VEB Erdöl/Erdgas.

Anforderungen an die Qualität der analytischen Arbeit und deren Kontrolle

In den letzten Jahren ist es in vielen Ländern üblich geworden, Normen festzusetzen, welche die Anforderungen an die Genauigkeit der zur Lagerstättenbemusterung dienenden Analysen regeln. Solche Normen sind schon vor einer ganzen Reihe von Jahren von dem GKS, der Staatlichen Vorratskommission der SU, herausgegeben worden und haben seitdem entsprechenden Richtlinien der Volksdemokratien als Vorbild gedient. Inoffiziell wurden sie auch in der DDR schon seit längerer Zeit als maßgebend betrachtet. Es lag nahe, sie in die „Richtlinien" zu übernehmen.

Ob die zulässigen Abweichungen unbedingt so beizubehalten sind, wie sie in der jetzigen Tabelle (Anhang zu den „Richtlinien") angegeben sind, bleibt abzuwarten. Grundsätzlich ist zu beachten, daß es sich bei den festgesetzten Zahlen immer um mittlere Abweichungen über eine größere Anzahl von Analysen handelt, diese Anforderungen also nicht an eine einzelne Analyse gestellt werden. An Einzelanalysen für wissenschaftliche oder sonstige Sonderzwecke können strengere Maßstäbe angelegt werden. Wenn ein solcher Sonderzweck vorliegt, sollte aber bei der Auftragserteilung immer besonders darauf hingewiesen werden.

Die Art und Weise, wie festgestellt wird, ob die Analysen für die Lagerstättenbemusterung den Anforderungen genügen, wurde ebenfalls dem in der SU und den Volksdemokratien üblichen Kontrollsystem angeglichen. Wesentliche Punkte dieses Systems sind die, daß die Federführung der geologischen Seite obliegt, daß die Kontrolle zunächst ohne näheren Einblick der beteiligten Laboratorien erfolgt und daß der Objektgeologe bei der Lagerstättenübergabe die Ergebnisse der Kontrollarbeiten als Teil der Gesamtdokumentation mit darlegt.

Von seiten der Chemiker wird die Erwartung gehegt, daß auch die Bestimmung der übrigen Parameter der Lagerstättenbemusterung einer ähnlichen wirksamen Kontrolle unterzogen werden wird.

Nach den bisherigen Erfahrungen — praktisch wird die „äußere" Analysenkontrolle in vielen Fällen und die „innere" Kontrolle regelmäßig auch bei uns schon seit Jahren durchgeführt — kann man sagen, daß bei zu hohen Abweichungen verhältnismäßig selten eine an und für sich ungeeignete Methode die Ursache ist, und daß zufällige Einflüsse eine größere Rolle spielen. Jedenfalls ist die „zufällige" Abweichung (a_1), das unregelmäßige Pendeln der Ergebnisse nach beiden Richtungen um den jeweils richtigen Wert, meistens viel stärker ausgeprägt als die sogenannte systematische Abweichung, die vorwiegend nach einer Seite gerichtete Abweichung der Werte. Übrigens ist es nicht möglich, eine Kennziffer zu errechnen, für die auch nur annähernd die Bezeichnung „systematische Abweichung" gerechtfertigt wäre, wenn der Rechnung nicht eine sehr große Zahl von Wertepaaren zugrunde gelegt wird. In den „Richtlinien" sind Gruppen von je 10 Erst- und Kontrollanalysen als Minimum vorgeschrieben.

Wie kommen die Abweichungen überhaupt zustande? Es ist zu bedenken, daß jede einzelne chemische Bestimmung nicht nur in einem einzigen Meßvorgang besteht, wie es bei einer einfachen physikalischen Messung, beispielsweise einer Wägung, der Fall ist, bei der nur eine Möglichkeit der Fehlerentstehung vorhanden ist und bei der infolgedessen die einfache statistische Fehlerrechnung streng anwendbar ist. Bei der chemischen Bestimmung des Gehaltes eines Elementes in einer Probe ist in der Gesamtoperation gewöhnlich auch eine Wägung — das Einwägen — enthalten, bisweilen — bei gravimetrischer Arbeitsweise — mindestens eine weitere Wägung, auf alle Fälle wenigstens eine zweite physikalische Messung irgendwelcher Art als Endoperation. Dazwischen liegt aber eine u. U. sehr lange Reihe von weiteren Manipulationen und Vorgängen, die alle mit ihrer mehr oder weniger großen Präzision das Endergebnis beeinflussen. Es ist dabei u. a. an das Aufschließen und Lösen der Probe zu denken, wobei bereits Spritzverluste in Betracht kommen, an das Aufteilen der Lösung in alliquote Teile, wobei sich Herstellungsfehler der Meßkolben und Pipetten auswirken können, an die Fällungs-, Filtrations- und Wiederauflösungs- sowie Glühoperationen mit weiteren Verlustgefahren durch Verspritzen bzw. Verspratzen, an den unvollständigen Ablauf von Fällungs-, Färbungs- und anderen entscheidenden Reaktionen durch störende Anwesenheit von ungewöhnlichen Nebenbestandteilen, an vorübergehende Störungen an physiko-chemischen Meßgeräten oder Regelorganen, z. B. Temperaturreglern an Glühöfen, usw.

Ein Teil der genannten Fehlermöglichkeiten läßt sich bei geschulten und geübten Kräften und ständiger Aufmerksamkeit derselben auf ein Minimum herabdrücken. Es stehen aber nicht immer für alle Aufgaben qualifizierte Mitarbeiter zur Verfügung, und außerdem sind selbst hochqualifizierte und verantwortungsbewußte Kräfte nicht in der Lage, bei Serienanalysen jeden Augenblick jedes einzelne Gefäß bzw. jeden einzelnen der gleichzeitig sich abwickelnden Vorgänge zu beobachten.

Es muß erwähnt werden, daß Verwechselungen von Proben oder von Produkten des Analysenganges offenbar eine relativ häufige Quelle für große Fehler darstellen. Wenn man sich vergegenwärtigt, daß bei einer großen Analysenserie der Analytiker oft von mehreren Dutzenden von Meßkolben, Bechergläsern, Filtriereinrichtungen, Tiegeln und anderen Geräten an seinem Arbeitsplatz umgeben ist, mit denen er mehr oder weniger gleichzeitig manipuliert, dann wird man einzelne Verwechselungen zwar nicht gerade entschuldigen aber doch für erklärlich halten.

Natürlich haben verantwortungsbewußte Laboratoriumsleiter von jeher aus eigener Initiative durch häufige innere Kontrollen die möglichst weitgehende Erkennung und Ausschaltung der genannten Fehlerquellen angestrebt. Die offizielle Analysenkontrolle ergänzt diese Maßnahmen nur, macht sie objektiver und dokumentiert sie.

Zur reibungslosen Durchführung der Analysenkontrolle sind aber wiederum auch an den zuständigen Geologen gewisse Forderungen zu stellen. Von diesen ist die wichtigste die richtige Herstellung und Behandlung der Analysenproben, die bei Kontrollanalysen z. T. in den Aufsichts- und Verantwortungsbereich des Geologen fällt. Um endlosen Weiterungen bei der Klärung ggf. auftretender Abweichungen vorzubeugen, muß verlangt werden, daß die einzelnen Teilproben von vornherein nicht zu klein bemessen werden und trotzdem Gewähr für vollständige Gleichheit ihrer Zusammensetzung geben. Das ist aber nur bei sorgfältiger, gleichzeitiger Abteilung aus einer genügend großen, bereits auf Analysenfeinheit zerkleinerten Ausgangsprobe der Fall. Daß diese ihrerseits in ihrer Zusammensetzung der ursprünglichen Rohprobe entsprechen muß, ist eine selbstverständliche Forderung, zu deren Erfüllung aber eine sorgfältige Arbeitsweise notwendig ist. Über hierbei zu beachtende Gesichtspunkte gibt die in Ausarbeitung befindliche Anweisung „Probenahme und Probenbehandlung" Hinweise.

Die „Richtlinien" verlangen als Minimum 200 g für alle Analysenteilproben (Normal-, innere Kontroll- und äußere Kontrollprobe) zusammen. Die verlangte Größe der Proben ist besonders dann unbedingt einzuhalten, wenn mehrere, womöglich in sehr geringer Konzentration vorhandene Bestandteile bestimmt werden sollen. In solchen Fällen ist der Probenverbrauch schon für einen einzelnen Analysendurchgang u. U. beträchtlich, und es wäre sehr unangenehm, wenn die Materialmenge zur Bestimmung eines letzten Bestandteiles oder zur evtl. erforderlichen Wiederholung einer Bestimmung nicht ausreichen würde.

Allerdings bedeutet das Verlangen, von jeder einzelnen Probe so viel analysenfeines Pulver herzustellen, daß die Teilung in mehrere genügend große Parallelproben möglich ist, eine erhöhte Anforderung an die Probenvorbereitungsgruppen und deren Ausrüstung.

Die Forderung nach Angabe der qualitativen Daten und der Größenordnung der Gehalte auch bei der Beantragung von „äußeren" Kontrollanalysen hat besonders große Bedeutung, wenn die Kontrollanalysen nachträglich ausgeführt werden, weil der Kontrollvorgang damit beschleunigt wird und so keine größere Verzögerung beim Abschluß der Bemusterung eintritt.

Die sofortige Mitteilung auch von Teilergebnissen der Analysenkontrolle an die beteiligten Laboratorien ist erforderlich, um bei etwaigen Abweichungen Fehlerquellen so rasch wie möglich erkennen und beseitigen und dadurch das Auftreten weiterer Fehler frühzeitig verhindern zu können.

Zum Schluß sei noch die Frage erörtert, warum in den Richtlinien nicht verlangt wird, daß die verschiedenen Laboratorien bei der äußeren Kontrolle einer bestimmten Materialart unbedingt nach der gleichen Methode arbeiten. Es gibt dafür zwei Gründe: 1. In einer Zeit, in der die Entwicklung der Technik sich in raschem Flusse befindet, ist die Ausrüstung der Laboratorien sehr unterschiedlich; man kann aber nicht verlangen, daß ein auf modernere und rationellere Verfahren eingerichtetes Laboratorium, wenn auch nur vorübergehend, auf ältere Methoden zurückgreift. Das wäre unrationell, allein schon deswegen, weil dann ein Nebeneinander von z. T. wenig ausgenützten Einrichtungen vorhanden sein müßte. 2. Es ist manchmal sogar vorteilhaft, wenn ein nach einer bestimmten Methode erhaltenes Ergebnis durch eine andere Methode bestätigt wird. Ein Ergebnis ist ja streng genommen erst dann weitgehend gesichert und wirklich als „richtig" zu bezeichnen, wenn nach verschiedenen Methoden der gleiche Zahlenwert erhalten wird.

Vorläufige Richtlinien für die organisatorische Durchführung und die Kontrolle chemisch-analytischer Arbeiten

INHALT

1. Einleitung

1.1 Für die Bewertung von Lagerstätten sind die chemischen Analysen eine der wichtigsten Grundlagen. Die Genauigkeit der Analysenergebnisse darf nicht geringer sein als die der übrigen in die Vorratsberechnung eingehenden Parameter.

1.2 Für verwertbare Analysen sind einwandfreie Probenahme und Probebearbeitung entsprechend den in der „Anweisung zur Probenahme und Bemusterung" gegebenen Richtlinien unerläßliche Voraussetzungen.

2. Auftragserteilung an die Laboratorien

Um eine rationelle und auf die jeweils vordringlichen Erfordernisse ausgerichtete analytische Arbeit zu gewährleisten, müssen bei der Auftragserteilung an die Laboratorien vom Auftraggeber bestimmte Angaben gemacht und organisatorische Formen eingehalten werden.

2.1 Zeitpunkt der Auftragserteilung

Die Aufträge zur Analysierung sind auf Formblatt ordnungsgemäß für jede Materialart getrennt und rechtzeitig zu erteilen. Bei größeren Objekten sind die Proben laufend in Form größerer Teilsendungen anzuliefern. Unnötig kleine Teilmengen sind zu vermeiden, die Zahl der in einer Serie bearbeitbaren Proben beträgt bei Analysen größeren Umfangs 4—8, bei solchen geringeren Umfangs und nicht erheblicher Schwierigkeit 10—20 Proben. Schon vor Beginn der Erkundung größerer Objekte ist den zuständigen Laboratorien Kenntnis über die Art, den Umfang und die Zeitspanne der von ihnen erwarteten Leistung zu geben.

2.2 Planung der Arbeiten

Bei Aufstellung der Jahrespläne sind auch die voraussichtlich anfallenden Laboratoriumsarbeiten zu berücksichtigen und die Pläne den Laboratorien zur Kenntnis zu geben. Diese Angaben sind bei der Aufstellung der Quartalspläne zu vervollständigen und zu präzisieren. Bei der Aufstellung der Erkundungspläne sind die für „äußere" und „innere" Kontrollanalysen erforderlichen Mittel mit einzuplanen.

2.3 Erforderliche Angaben

Auf dem Antrag sind die dem Text des Formblattes entsprechenden Angaben vollständig und ausführlich zu machen. Lassen diese Angaben sich auf dem Blatt selbst (einschl. Rückseite) nicht unterbringen, sind Anlagen beizugeben. Eine tabellarische Übersicht über die Proben mit ihren Bezeichnungen ist besonders bei großer Probenzahl unbedingt erforderlich.

Die gewünschten Arbeiten sind eindeutig zu formulieren; z. B. ist klar zum Ausdruck zu bringen, ob SiO_2 bestimmt werden soll oder nur der Löserückstand. Elemente, deren qualitative oder halbquantitative Bestimmung auf spektrochemischem oder anderem Wege genügt, sind von den quantitativ zu bestimmenden Bestandteilen deutlich getrennt aufzuführen.

Hinweise über die qualitative und ungefähre quantitative Zusammensetzung der zu untersuchenden Materialien in bezug auf Haupt- und Nebenbestandteile auf Grund von früheren chemischen, mineralogischen und sonstigen Untersuchungen erleichtern die schnelle Wahl der geeignetsten Analysenmethode. Sie sollen daher im Interesse einer schnellen Erledigung der Aufträge soweit wie irgend möglich gegeben werden. Selbst Vermutungen (auf Grund von Analogieschlüssen) sind wertvoll.

Bei Kontrollanalysen sind derartige Informationen so zu geben, daß der Kontrollcharakter gewahrt bleibt.

2.4 Reihenfolge der Erledigung

Die Einstufung verschiedener, gleichzeitig eingehender Aufträge in eine Rangordnung der Dringlichkeit erfolgt nach folgenden *Gesichtspunkten*[1]):

Dringlichkeitsstufe 1:

a) Analysen für die Schwerpunktobjekte der geologischen Erkundung. (Die Schwerpunkte ergeben sich für jedes Labor des ZGD und der GD aus dem Erkundungsplan. Sie werden vor Beginn jedes Quartals den Labors nochmals im einzelnen benannt.)

b) Analysen, die auf Forderung der ZVK bei Vorratsübergaben noch nachträglich zur Bestätigung der Vorräte angefertigt werden müssen. (Hierunter fallen nicht solche Analysen, die durch Verschulden des Geologen [Nachlässigkeit, Terminverspätung u. ä.] nicht rechtzeitig zur Anfertigung der Vorratsberechnung in Auftrag gegeben wurden.)

c) Kontrollanalysen für Dringlichkeitsstufe 1.

Dringlichkeitsstufe 2:

a) Analysen für alle übrigen Objekte der Lagerstättenerkundung.
b) Analysen für die Bearbeiter der Basisbohrungen.
c) Kontrollanalysen für Dringlichkeitsstufe 2.

Dringlichkeitsstufe 3:

a) Analysen für das Kartierungsprogramm.
b) Analysen für die Vorerkundung.
c) Andere Analysen verschiedener Auftraggeber.
d) Kontrollanalysen für Dringlichkeitsstufe 3.

Die Einstufung nach der Dringlichkeit nimmt der geologische oder mineralogische Bearbeiter vor. Ihre Überprüfung erfolgt durch den Leiter des Labors. In Zweifels- oder Streitfällen entscheidet der Chefgeologe des Zentralen Geologischen Dienstes bzw. der Leiter des Geologischen Dienstes oder sein Chefgeologe.

Der für die Bearbeitung des Objektes (bzw. der Bohrung) verantwortliche Abteilungsleiter des Zentralen Geologischen Dienstes und die Leiter der Geologischen Dienste überwachen die Aufträge in bezug auf die richtige Relation zwischen dem geforderten Aufwand und der Bedeutung der Aufgabe.

3. Analysenkontrolle

Die Qualität der Analysenergebnisse wird von zahlreichen Faktoren methodischer, materialbedingter und subjektiver Art mehr oder weniger stark beeinflußt. Es ist die Pflicht eines jeden Laboratoriums, diese Faktoren durch Maßnahmen der Selbstkontrolle weitgehend zu verringern. Zur weiteren Erhöhung der Sicherheit der Vorratsberechnung dient die „Analysenkontrolle" im engeren Sinne, ein System von Parallelanalysen.

3.1 Art der Kontrolle

Es ist zu unterscheiden zwischen drei Formen der Analysenkontrolle:

a) Selbstkontrolle
b) innere Kontrolle
c) äußere Kontrolle.

3.11 Selbstkontrolle

Nachdem der Analytiker einen Verfahrensgang für das vorliegende Material und die gestellte Aufgabe festgelegt hat und zur Analysierung übergeht, kontrolliert er das erhaltene Resultat selbst, indem er in eigener Entscheidung oder auf Anweisung des Laborleiters eine oder mehrere Parallelbestimmungen des gleichen Materials vornimmt.

Bei differierenden Ergebnissen wird er die Ursache der Differenzen aufspüren, bei wiederholten Übereinstimmungen der Resultate wird er — bei Serienbestimmungen — in immer geringerem Umfange diese Selbstkontrolle durchführen.

Die Resultate der Selbstkontrolle des Chemikers sind eine interne Angelegenheit des Labors, sie werden in der Regel nur dem Leiter des Labors mitgeteilt. Sie können die „innere" Kontrolle nicht ersetzen.

[1]) Abweichungen bedürfen der Erlaubnis des Direktors des ZGD.

3.12 Die innere Kontrolle

Die innere Kontrolle besteht in einer Wiederholung des Analysenauftrages für bereits analysierte Proben beim gleichen Labor, das die erste Analyse vorgenommen hat. Sie hat die Aufgabe, die Zuverlässigkeit der ersten Angaben zu überprüfen. Da sie in der Regel nach dem gleichen Verfahrensgang und mit den gleichen chemischen Präparaten wie bei der ersten Analyse durchgeführt wird, gibt sie im allgemeinen nur Hinweise auf zufällige und subjektiv bedingte Fehler des Bearbeiters.

Analysen für die innere Kontrolle werden vom Geologen unter anderer Bezeichnung in Auftrag gegeben. Die Ergebnisse dieser Analysen müssen den Vorratsberechnungen beigelegt und in der Berechnung selbst berücksichtigt werden.

3.13 Die äußere Kontrolle

Systematische Fehler der Analysen, die durch den gewählten Verfahrensgang, Geräte oder Hilfsmaterialien hervorgerufen werden, können im allgemeinen nur durch eine Wiederholung von Analysen in einem anderen Labor (d. h., das nicht die ersten Analysen geliefert hat) aufgedeckt werden. Selbstverständlich muß dieses Labor mindestens ebenso qualifiziert sein wie das erste. Analysen für die äußere Kontrolle werden von dem das Objekt bearbeitenden Geologen in Auftrag gegeben.

3.2 Umfang der Kontrolle

3.21 Der Anteil der Analysen zur inneren Kontrolle hat mindestens 10% der Gesamtzahl zu betragen, der zur äußeren Kontrolle mindestens 5%, sofern nicht von der ZVK andere Anweisungen vorliegen.

3.22 Beide Grenzwerte sind zu erhöhen, wenn eine oder mehrere der nachstehend genannten Erschwerungen zutreffen und dies nicht schon durch eine erhöhte Zahl der insgesamt genommenen Proben (größere Bemusterungsdichte) berücksichtigt wird: Gehalte an der Grenze der Bilanz- oder Außerbilanzvorräte, komplizierte oder stark wechselnde Zusammensetzung und dadurch bedingte besondere Schwierigkeit der Analyse, mangelnde Erfahrung des beteiligten Laboratoriums auf dem betreffenden Gebiet.

3.23 Als absolute Mindestzahl für eine Kontrollprobenserie für äußere und innere Kontrolle sind jeweils 10 Proben zu betrachten.

3.3 Zeitpunkt der Kontrolle

3.31 Die Proben zur inneren und äußeren Kontrolle sind vom Geologen rechtzeitig einzureichen. Proben für die innere Kontrolle sind z. B. bei einem größeren Objekt gleichzeitig mit einem der Teilaufträge anzuliefern. Proben für eine äußere Kontrolle — falls es sich um größere Mengen handelt — bereits nach Vorliegen einer ausreichend großen Anzahl.

3.32 Bei kleinen Objekten sind die Kontrollanalysen (innere und äußere) möglichst parallel zu den Erst-Analysen im Auftrag zu geben, so daß nur einzelne Spitzenwerte (nach beiden Seiten) nach Eingang der Erstresultate noch einer zusätzlichen Kontrolle bedürfen.

3.4 Technisches zur Durchführung der Analysenkontrolle

Da die Analysenkontrolle die Arbeit des Laboratoriums kontrollieren soll, muß allen Analysen einer Probe (d. h. Erstanalyse und ihrer inneren und äußeren Kontrolle) gleichartiges Untersuchungsmaterial zugrunde gelegt werden. Daher wird festgelegt:

3.41 Wenn die technische Möglichkeit dazu besteht, ist die Vorbereitung der Proben einschl. der Kontrollproben bis zum analysenfertigen Zustand am Objekt selbst oder an einer anderen Stelle, jedoch nicht bei dem analysierenden Laboratorium vorzunehmen.

Wenn diese stets anzustrebende Möglichkeit nicht besteht und die Vorbereitung bei dem analysierenden Laboratorium erfolgen muß, ist das ganze Material einer Probe dem Labor zu übergeben, das mindestens 200 g analysenfein pulvert und das gut durchgemischte Material (max. Korngröße 0,1 mm) in drei analysenfertige Probenteile aufteilt. Zwei dieser Anteile erhält der Auftraggeber entsprechend signiert zurück. Der dritte Anteil wird im Labor untersucht. (Reicht das Probenmaterial für eine solche Dreiteilung nicht aus, gibt das Labor den Rest des nicht verbrauchten Materials an den Auftraggeber zurück.)

3.42 Wird die Probenvorbereitung vom Objekt durchgeführt, so ist analog zu verfahren. In solchen Fällen ist das Labor anzuweisen, alle unverbrauchten Reste des Probegutes signiert zurückzugeben.

3.43 Beim Abteilen sind die für die Probenbearbeitung geltenden Regeln sorgfältig zu beachten. Es sind feste und gut schließende Behälter zu verwenden. Falls nicht Glasflaschen zur Verfügung stehen, sind saubere, dichte Textil- oder Kunststoffbeutel oder feste gut schließende Kartons, deren Deckel durch Isolierbandstreifen oder dgl. gesichert sind, zu verwenden.

3.44 Die Mindestmenge einer jeden Einzelprobe soll 50 g betragen, nur in Ausnahmefällen kann eine geringere Menge vereinbart werden.

3.45 Werden an das gleiche Labor bereits analysierte Proben zur inneren Kontrolle gegeben, so erhalten diese vom Geologen eine neue (chiffrierte) Bezeichnung. Bei der äußeren Kontrolle entfällt hierzu die Notwendigkeit.

3.46 Für die Durchführung der Analysen zur äußeren Kontrolle kommen in Betracht:

für die Objektlabors:

fremde Werklabors, die Laboratorien der Geologischen Dienste, das Zentrallaboratorium;

für die Labors der Geologischen Dienste:

das Zentrallaboratorium oder das Laboratorium eines anderen Geologischen Dienstes,

ferner für alle genannten Stellen verschiedene, in bestimmten Untersuchungszweigen besonders routinierte Instituts- und Industrielaboratorien. Bei der Auswahl eines geeigneten Labors wirkt das Zentrallabor beratend mit. Eine allmählich zu ergänzende Liste von solchen Laboratorien liegt an (Anlage 1). (Es darf jedoch nicht damit gerechnet werden, daß die genannten Stellen zu jeder beliebigen Zeit zur Übernahme von Analysen bereit sind.)

4. Auswertung und Beurteilung der Kontrollanalysen

Die Auswertung der Kontrollanalysen obliegt dem Objektgeologen. Sie besteht in dem gruppenweisen Vergleich der Ergebnisreihe von mindestens 10 kontrollierten Normalanalysen mit der der zugehörigen Kontrollanalysen.

4.11 Für die mathematische Auswertung sind verschiedene Verfahren möglich, die sich nicht nur durch unterschiedliche Kompliziertheit auszeichnen. Die Anwendung des einen oder anderen Verfahrens wird auch durch den Charakter der Verteilung der untersuchten Komponente bestimmt.

4.12 Ein einfaches Verfahren, das für viele in der Praxis vorkommende Fälle ausreicht, besteht in folgendem (siehe auch das Beispiel in Anlage 2):

a) Es werden aus den Werten der ersten oder Normalanalysen und der Kontrollanalysen für jedes einzelne Ergebnispaar die Abweichungen durch Differenzenbildung errechnet. Bezogen werden die Differenzen — konventionsgemäß — auf die Ergebnisse der Normalanalysen. Hierdurch ist das Vorzeichen der einzelnen Abweichungen eindeutig festgelegt.

b) Danach werden die Plus- und die Minus-Abweichungen getrennt addiert.

c) Schließlich ergibt sich durch Addition der Absolutwerte der beiden Summen, Division der erhaltenen Gesamtsumme durch die Summe der Prozentgehalte der Normalanalysenserie und Multiplikation mit 100 der „mittlere zufällige Fehler" in Prozent (Kurzbezeichnung: „a_1").

d) Durch Addition der beiden Summen unter Berücksichtigung des Vorzeichens, Division dieser Gesamtsumme durch die Summe der Prozentgehalte und Multiplikation mit 100 ergibt sich der „systematische Fehler" in Prozent (Kurzbezeichnung: „a_2").

4.2 Die Entscheidung darüber, ob die Analysen die erforderliche Genauigkeit haben, erfolgt so lange an Hand der von der GKS aufgestellten Liste (Anlage 3), bis die ZVK eigene Vorschriften erläßt. Bei Analysen von Lagerstätten, deren Gehalte an der Grenze der Bauwürdigkeit liegen, ist der jeweils untere Wert der zulässigen Abweichung anzustreben.

4.3 Das Ergebnis jeder Auswertung, gleich, ob es sich um innere oder äußere Kontrolle handelt, ist von dem Objektgeologen, auch wenn es sich um Teilergebnisse handelt, umgehend den beteiligten Laboratorien mitzuteilen.

4.41 Wird ein zu hoher mittlerer Fehler a_1 festgestellt, ist die Wiederholung einer größeren Zahl der kontrollierten Analysen (darunter diejenigen mit den größten Fehlern) durch das erstanalysierende Laboratorium zu veranlassen. Ergibt sich dadurch noch keine genügende Angleichung, so sind die noch differierenden Analysen auch vom kontrollierenden Laboratorium zu wiederholen, und zwar auch an dem bei dem anderen Laboratorium befindlichen Probenmaterial, von dem dem kontrollierenden hierzu ein Teil zur Verfügung gestellt wird.

4.42 Wenn auf diese Weise eindeutig festgestellt wird, daß die Analysen des kontrollierten Laboratoriums nicht genügend genau sind, so sind die weiteren Maßnahmen unter Mitwirkung des bearbeitenden Geologen, des Chefgeologen des Zentralen Geologischen Dienstes und des Zentrallaboratoriums festzulegen.

4.43 Bei Feststellung eines mehr oder weniger konstanten systematischen Fehlers (a_2) gegenüber den mit Sicherheit als richtiger zu beurteilenden Werten des/der kontrollierenden Laboratorien können die Ergebnisse des erstanalysierenden insgesamt durch Umrechnung korrigiert werden.

STAATLICHE GEOLOGISCHE KOMMISSION
DER DDR
Der Leiter
F. STAMMBERGER

Tabelle 1

Vorläufige Liste der für die Ausführung von Analysen für die äußere Kontrolle in Betracht kommenden fremden Betriebe

1.	VEB Mansfeld Hütten-Kombinat Wilhelm Pieck, Hauptlaboratorium, Eisleben	Cu, Pb, Zn, Ni, Co, Ag
2.	VEB Wolfram-Zinnerz Pechtelsgrün in Pechtelsgrün (Vogtl.)	W, Sn, Mo, As
3.	VEB Zinnerz Altenberg	Sn
4.	VEB Zinn- und Spatgruben Ehrenfriedersdorf	Sn, As
5.	VEB Freiberger Bleihütten	Pb, Ag, Au
6.	VEB Maxhütte, Unterwellenborn	Eisenerz
7.	VEB Eisen-Manganwerke Schmalkalden	Schwerspat, Flußspat
8.	VEB Steinkohlenwerk Karl Marx, Zwickau	Steinkohle
9.	Institut für Zement, Dessau	St. u. Erden
10.	Forschungsinstitut für NE-Metalle, Freiberg	Verschiedenes

Tabelle 2

Rechenbeispiel für die Analysenkontrolle

Nr. der Probe	Metallgehalt der Probe in %		Abweichungen in absoluten %	
	Zu kontroll. Probe	Kontrollprobe	+	–
1	0,80	0,84	0,04	–
2	0,87	0,89	0,02	–
3	0,27	0,38	0,11	–
4	0,88	0,69	–	0,19
5	0,27	0,28	0,01	–
6	0,73	0,58	–	0,15
7	1,03	1,07	0,04	–
8	0,95	0,93	–	0,02
9	0,67	0,58	–	0,09
10	0,23	0,25	0,02	–
	6,70	6,49	0,24	0,45

Die Summe der Abweichungen nach beiden Seiten beträgt 0,24 + 0,45 = 0,69.

Die Summe der Abweichungen unter Berücksichtigung des Vorzeichens beträgt −0,21.

$$a_1 = \frac{0{,}69}{6{,}70} \cdot 100 = 10{,}3\%$$

$$a_2 = \frac{-0{,}21}{6{,}70} \cdot 100 = -3{,}1\%$$

Tabelle 3

Zulässige mittlere Zufalls-Fehler bei chemischen Analysen*)

Zu bestimmender Bestandteil		Gehalt d. Bestandteils in der Probe %	Fehler, relat. % v. Gehalt
Aluminiumoxyd	Al_2O_3	über 20	2–4
		5–20	4–8
		1–5	8–20
Antimon	Sb	über 2	3–12
		0,5–2	12–20
Arsen	As	über 2	1–5
		0,5–2	5–7
		bis 0,5	10
Bariumsulfat	$BaSO_4$	über 85	1–2
		50–85	2–3
		20–50	3–5
		bis 20	5–6
Blei	Pb	über 15	2–4
		6–15	3–6
		0,5–6	6–12
		bis 0,5	12
Calciumoxyd	CaO	über 25	3–5
		5–25	5–10
		1–5	10–25
Chrom	Cr	über 10	1–3
		1–10	3–7
		bis 1	7
Eisen	Fe	über 30	1–2
		10–30	2–4
		5–10	4–8
Eisen-2-oxyd	FeO	über 5	2–4
		1–5	4–7
Fluor (Calciumfluorid)	CaF_2	über 40	2–3
		10–40	3–5
		bis 10	5
Gold	Au	über 50 g/t	1–3
		20–50 g/t	3–5
		5–20 g/t	5–10
Kieselsäure	SiO_2	30–50	2–3
		10–30	3–8
		3–10	7–15
Kobalt	Co	über 0,5	2–6
		bis 0,5	6
Kupfer	Cu	über 3	3–7
		0,5–3	7–10
		0,05–0,5	10–15
Magnesiumoxyd	MgO	über 5	3–10
		1–5	10–20
Mangan	Mn	über 5	2–4
		1–5	4–7
		0,05–1	7–20
Molybdän	Mo	über 1	2–5
		0,25–1	5–10
		0,05–0,25	10–20
Nickel	Ni	1–5	3–7
		0,2–1	7–15
		bis 0,2	15
Phosphor	P	über 0,3	3–7
		0,03–0,3	7–15
Quecksilber	Hg	über 2	4–7
		0,25–2	7–15
		0,06–0,25	15–30
Silber	Ag	über 100 g/t	1–3
		30–100 g/t	3–5
		10–30 g/t	5–12
Schwefel	S	über 20	1–2
		1–20	2–5
		0,05–1	5–10
Titansäure	TiO_2	2–15	2–5
		0,1–2	5–20
Vanadium	V	über 0,5	3–10
		0,06–0,5	10–30
Wismut	Bi	über 0,6	5–15
		0,2–0,6	15–20
Wolframsäure	WO_3	über 1	3–8
		0,25–1	8–15
		0,05–0,25	15–25
Zink	Zn	über 25	2–3
		10–25	3–6
		0,5–10	6–15
		bis 0,5	15
Zinn	Sn	über 1	3–7
		0,25–1	7–15
		0,05–0,25	15–30

*) Die für Kalisalze und Brennstoffe geltenden Zahlen stehen z. Z. noch nicht fest, sie werden in Kürze nachgetragen.

Die Methodik der Sucharbeiten und der geologischen Vorerkundung auf Blei-Zinklagerstätten[1]

A. A. AMIRASLANOW, Moskau

Die Such- und Erkundungsarbeiten werden durchgeführt, um ein entsprechendes Gebiet auf das Auftreten von Blei-Zinklagerstätten eingehend zu untersuchen, deren Form, Lagerungsverhältnisse und mineralogische Zusammensetzung einigermaßen zu bestimmen und ihre Bedeutung im Hinblick auf die Verausgabung von Aufwendungen für die Vorerkundung zu ermitteln. Diese Arbeiten erfolgen auf der Grundlage der vorhandenen Ergebnisse der eingehenden geologischen Aufnahme und unter voller Berücksichtigung dieser Ergebnisse. In dieser Etappe der geologischen Erkundungsarbeiten werden nicht nur Aufgaben der Prospektion, sondern auch Aufgaben der Vorerkundung gelöst.

An dieser Stelle müssen wir bei einigen Prospektionskriterien verweilen. Es handelt sich um die im folgenden beschriebenen Formen von Veränderungen, die bei den Such- und Erkundungsarbeiten berücksichtigt werden müssen.

Skarnbildung

Die bei der Erkundung und Untersuchung von Blei-Zinklagerstätten der Sowjetunion gemachten Erfahrungen zeigen, daß in den in Skarnen befindlichen Lagerstätten dieser Metalle Pyroxene, Hornblenden, Epidot und Wollastonit die größte Verbreitung besitzen. Die Metalle, deren Verbindungen wir in den Skarnen beobachten, werden in einer späteren Phase der Tiefenprozesse zugeführt. Die Skarne werden durch Sulfide verdrängt. In der Natur sind auch erzfreie Skarne zu beobachten, man muß aber betonen, daß nach den Ergebnissen der geologischen Erkundungsarbeiten in verschiedenen Gebieten die Vorgänge der Skarnbildung und der Erzbildung sehr innig miteinander zusammenhängen. Die Pyroxen- und ebenso die Granat-Pyroxenskarne werden unter Oberflächenbedingungen verändert, es entstehen Nontronite und Alumo-Kieselsäurehydrate, z. B. Halloysit u. a. Die Oxydationszone der Blei-Zinklagerstätten ist in den Skarnen gewöhnlich mit Mangan angereichert.

Die Auffindung beliebiger Skarngesteine muß den prospektierenden Geologen zu einer besonders sorgfältigen Untersuchung und Beschreibung dieser Bildungen veranlassen. Die Skarngesteine, in denen eine Blei-Zinkvererzung auftritt, sind hauptsächlich an den Kontakt granitischer Gesteine und ihrer effusiven Analoga mit Sedimentgesteinen, vorwiegend Karbonaten, seltener mit sandigen und sandig-schiefrigen Gesteinen, gebunden. Skarne können jedoch auch entstehen und sie entstehen auch innerhalb von Eruptivgesteinen oder Sedimentgesteinen in gewisser Entfernung vom Kontakt.

Sericitisierung

Eine Sericitisierung entwickelt sich bei regionaler und lokaler Veränderung magmatischer und sedimentärer Gesteine durch Einwirkung sowohl tektonischer Vorgänge als auch besonders mineralisierter Thermen.

Die Sericitisierung ist in der Natur bei verschiedenen Bedingungen zu beobachten:

1. In Verbindung mit regionalmetamorphen Vorgängen entsteht Sericit aus sauren Gesteinen, die reich an Alkalialumosilikaten sind.
2. In Verbindung mit Hydrothermen entsteht Sericit in bedeutendem Maße nicht nur in sauren, sondern auch in anderen Eruptivgesteinen, ferner in sedimentären und metamorphen Gesteinen.
3. Bisweilen werden Gänge, die im wesentlichen aus Feldspäten bestehen, völlig sericitisiert. In diesem Fall ist eine Zufuhr in Zusammenhang mit hydrothermalen Lösungen obligatorisch. Diese Gesteine bestehen ausschließlich aus Sericit und Quarz, selten aus Chlorit, Dolomit, Pyrit und anderen Mineralien. Sericitisiert werden Plagioklase, Biotit, Kalifeldspäte und andere Mineralien. Bei der Anreicherung der Gesteine mit Sericit entsteht eine Anzahl anderer Mineralien, insbesondere Chlorit, Kalk, Andalusit, Rutil u. a.

Wie bereits erwähnt, werden saure magmatische Gesteine aktiv sericitisiert. Besonders aktiv sericitisiert werden Gesteine, die zur Gruppe der Porphyre gehören (sowohl intrusiv als auch effusiv entstanden), ihre Tuffe und Porphyroide. Diese Gesteine treten gewöhnlich in den Erzfeldern polymetallischer Lagerstätten vom Kiestyp auf. Daher können sie Indikatoren neuer Lagerstätten oder Erzkörper von Blei und Zink sein. Jedoch verfügen wir im Augenblick noch nicht über genügend Unterlagen, um bestimmen zu können, in welchen Fällen die Sericitisierung durch regionale Vorgänge und in welchen sie durch thermale Vorgänge hervorgerufen wird.

Chloritisierung

Die Chloritisierung steht in den Erzfeldern polymetallischer Lagerstätten in engem Zusammenhang mit der Verquarzung und Sericitisierung. Chloritisiert werden zahlreiche Gesteine, und dieser Vorgang läuft bei verschiedenen Bedingungen ab: bei der Regionalmetamorphose, bei der Autometamorphose und schließlich bei Einwirkung hydrothermaler Lösungen.

Das Mineral Chlorit besitzt zahlreiche Varietäten. Davon sind die am häufigsten in Gebieten der Blei-Zinklagerstätten vorkommenden die Magnesiachlorite (Pennin, Klinochlor u. a.). Die Untersuchungen der Chloritgesteine aus den Nebengesteinen der Erzkörper im Altai und Ural bestätigen das Gesagte.

In den Blei-Zinklagerstätten tritt die Chloritisierung gleichzeitig mit der Sericitisierung und Verquarzung in Form von Quarz-Chloritgesteinen, Quarz-Sericitgesteinen und schließlich verschiedener Übergangsgesteine auf, die mit Chlorit, Sericit und Quarz in verschiedenen Verhältnissen angereichert sind. In den Chloritgesteinen kommen neben Quarz und Sericit auch Biotit, Hornblenden, Karbonate, Turmaline und andere Mineralien vor. In vielen Gebieten mit Blei-Zinklagerstätten hängt die Chloritisierung offensichtlich mit den Erzbildungsprozessen zusammen. Deshalb ist es bei den Sucharbeiten dringend erforderlich, Charakter und Auftreten der Chloritisierung sorgfältig zu klären. Es muß ermittelt werden, zu welcher Varietät der Chlorit gehört, welches Mineral in den chloritisierten Gesteinen vor-

[1]) Aus dem Buch „Die Haupttypen der Blei-Zinklagerstätten" (russ.) von A. A. AMIRASLANOW, Moskau 1957, S. 160–177.

herrscht und wie das Verhältnis zu Sericit und Quarz ist usw.

Verquarzung

Dieser Vorgang steht in engem Zusammenhang mit der Sericitisierung, zum Teil auch mit der Chloritisierung. Der Verquarzung unterliegen fast alle Gesteine, da es sich hier um einen regionalen und dem Wesen nach überall auftretenden Vorgang handelt. Uns interessiert jedoch die intensive Verquarzung, die mit den Vorgängen der Veränderung der Nebengesteine der Erze zusammenhängt und der hauptsächlich saure Gesteine unterliegen, die zur vulkanischen Fazies gehören und an der Oberfläche oder in Oberflächennähe entstanden sind. Die intrusiven Tiefengesteine unterliegen in der Regel der Verquarzung nur wenig. Es ist auf die häufig zu beobachtende Abnahme der Intensität der Verquarzung mit der Tiefe hinzuweisen. Diese Gesetzmäßigkeit gilt sogar in den Gesteinen, die in ihren oberen Teilen stark verquarzt sind (Lagerstätte Syrjanowsk). Daher erfolgt die Verquarzung gewöhnlich in den oberflächennahen Teilen der magmatischen und sedimentären Gesteine (z. B. in den Lagerstätten Dsheskasgan und Syrjanowsk). Quarz wird hier von Sericit und Chlorit begleitet, in einzelnen Gebieten treten mit ihm Pyrit und hochtonerdehaltige Mineralien auf, wie Dickit, Diaspor, Alunit, Andalusit, noch seltener Schwerspat, Karbonate, Hämatit und einige Sulfide.

Bei den Felduntersuchungen kann man regionale und lokale Verquarzung wohl voneinander unterscheiden. Erstens bestehen Unterschiede hinsichtlich der Intensität, zweitens werden bei der regionalen Verquarzung die Gesteinszusammensetzungen und die Relikte der Mineralien von der Verquarzung und der Metasomatose weniger berührt als bei einer unter dem Einfluß hydrothermaler Lösungen vor sich gehenden Verquarzung.

Die Verquarzung geht gewöhnlich den Sulfiden voraus, bisweilen überprägt sie diese aber auch. In den Erzfeldern kann man bisweilen fast kompakte Quarz- oder Quarz-Sulfidkörper beobachten, welche die Hauptkieskörper durchsetzen (Karabasch).

Die Blei-Zinkvererzung, besonders die vom Kiestyp, hängt sehr eng mit den Vorgängen der Verquarzung zusammen (Altai, Ural, Salair u. a.), deshalb muß der prospektierende Geologe bei der Durchführung seiner gesamten Arbeit diesem Vorgang ernste Beachtung schenken. Man muß den Charakter und die Intensität der Verquarzung erkennen; man muß die Natur der primären Gesteine bestimmen, die verquarzt sind, ferner die Zusammensetzung der verquarzten Gesteine sowie ihre räumliche Verteilung usw.

Barytisierung

Die Barytisierung begleitet gewöhnlich die Blei-Zinklagerstätten. Dieser Vorgang ist in fast allen polymetallischen Lagerstätten zu beobachten, die unter den verschiedensten geologischen Verhältnissen auftreten. Hierbei wird die Blei-Zinkvererzung von Baryt begleitet, und mit der Entfernung von den erzführenden Schichten nimmt die Intensität der Barytisierung ab. Die Intensität der Barytisierung nimmt auch mit wachsender Tiefe ab (Mirgalimsaj). Aus den Unterlagen, die über sowjetische und ausländische Lagerstätten vorliegen, geht hervor, daß Bereiche von Blei-Zinkerzen, in denen Baryt vorkommt, in den meisten Fällen silberreich sind. Die Barytisierung tritt in den Blei-Zinklagerstätten in unterschiedlicher Erscheinungsform auf. Die Barytisierung kommt sowohl in Form kleiner Barytkörner als auch in Form großer Schwerspatkörper zum Ausdruck, wobei in diesem und jenem Fall Sulfide von Blei, Zink und Eisen vorkommen. Mit dem Schwerspat assoziieren gewöhnlich Quarz, Kalkspat, Dolomit, Eisen-Mangankarbonate, Flußspat und Witherit.

Der Vorgang der Barytisierung hängt relativ eng mit dem Vorgang der Erzbildung zusammen. Es gibt jedoch Fälle, in denen die Barytkörper mit den Sulfiden oder ohne Sulfide in einer der letzten Phasen des Erzbildungsprozesses entstehen, und in diesem Fall werden die Barytgänge mit der Bleiglanzeinsprengung räumlich von den Hauptkieserzen etwas isoliert (die Lagerstätten Troizkoje, Uwarjashsk im Südural, Achtalskoje in der Armenischen SSR). Da die Barytisierung sowohl räumlich als auch genetisch mit den Blei-Zinkvorkommen häufig eng zusammenhängt, ist sie natürlich für den prospektierenden Geologen ein wichtiges Kriterium. Beim Untersuchen eines Gebietes und der Auffindung barytisierter Bereiche muß man diese sorgfältig untersuchen, ihre räumliche Verbreitung feststellen, die mineralische Zusammensetzung studieren und ferner das Auftreten von Sulfiden und andere Besonderheiten für eine richtige Einschätzung der Erzvorkommen im entsprechenden Gebiet beachten.

Dolomitisierung

Dieser Vorgang ist weit verbreitet und er wird durch verschiedene Faktoren hervorgerufen. Trotz des Fehlens genauer Kriterien zur Bestimmung der Genese der verschiedenen Dolomittypen kann man überzeugt sagen, daß sie sich sowohl bei Oberflächenprozessen als auch bei der Einwirkung thermaler Lösungen — aszendenter und deszendenter — bilden. Stellenweise ist eine vorherrschende Gebundenheit der Blei-Zinklagerstätten an dolomitisierte Bereiche zu konstatieren.

Unter Berücksichtigung der wichtigen Rolle, die sowohl die primären als auch die hydrothermalen Dolomite als Gesteine spielen, welche die Lokalisierung der Blei-Zinkvererzung begünstigen, ist es erforderlich, bei der Durchführung der Sucharbeiten auf Blei und Zink diese Gesteine aufzufinden und sorgfältig zu untersuchen, um die hierbei erhaltenen Daten zusammen mit den anderen Suchmerkmalen beim Aufsuchen von Blei-Zinklagerstätten auszuwerten. Neben den Veränderungen der Nebengesteine sind auch andere Faktoren bekannt, die bei den Sucharbeiten von nicht geringer Bedeutung sind. Wir verweilen hier bei den sekundären Veränderungen sowohl der Erze selbst als auch der Nebengesteine.

Die Veränderung der primären Blei-Zinkerze unter der Einwirkung der Oberflächenagentien kommt in jedem genetischen Typ originell zum Ausdruck. So treten beim Kiestyp der Erze in effusiv-sedimentären Gesteinen, wie dies im Altai, Ural, in Armenien und anderen Gebieten der Fall ist, an den Ausbissen der Blei-Zink- und Kupfer-Zinklagerstätten die sog. „eisernen Hüte" auf. Unter der Einwirkung der Oberflächenagentien werden alle Metalle in Lösung, die einen schneller, die anderen langsamer, auf eine gewisse Entfernung vom ursprünglichen Lagerungsort sowohl in die Tiefe als auch in horizontaler Richtung transportiert und sie fallen in Form von Mineralverbindungen aus, die unter den neuen Bedingungen stabil sind. Die Hüte enthalten gewöhnlich Eisenhydroxyde, Karbonate und

Sulfate von Blei, Zink und Kupfer, gediegenes Gold und Silber, ferner Hornsilber u. a. Deshalb ist der prospektierende Geologe verpflichtet, die stoffliche und mineralische Zusammensetzung der „eisernen Hüte“ oder der mit Eisen angereicherten Gebiete sorgfältig zu untersuchen, ferner den Charakter der veränderten Ausbisse, ihre Lagerungsverhältnisse und ihre Beziehungen zu den umgebenden Gesteinen. Sogar wenn in der Zusammensetzung dieser eisenreichen Zonen bei den Sucharbeiten keine oxydischen Bleimineralien gefunden werden, gestattet das noch lange nicht, diese Zonen ohne die erforderliche Überprüfung negativ zu bewerten, denn es können Fälle auftreten, in denen das Blei restlos ausgelaugt und aus dem „eisernen Hut“ entfernt wurde oder der eiserne Hut entsprach einem Bereich, in dem das Blei in den primären Erzen fehlen konnte.

Im karbonatischen Medium reagiert das Blei schneller, das Zink langsamer mit den karbonatischen Nebengesteinen und es entstehen unter Oberflächenbedingungen die schwerlöslichen Verbindungen Cerussit und Smithsonit. Dadurch entstehen in den oberen Teilen der Blei-Zinklagerstätten „eiserne Hüte“ spezifischer Zusammensetzung. Sie bestehen aus einer verhältnismäßig geringen Menge von Eisenhydroxyden und Kupferhydrokarbonat und einer bedeutenden Menge von Blei- und Zinkkarbonaten. Diese sekundären Erze sind nach Farbe und Textur sehr verschieden. Für den unerfahrenen Geologen ist es sehr schwer, im Felde sofort grauen Cerussit mit nichtkristalliner Struktur zu bestimmen. Nach der Textur ist der Cerussit massig, feinkörnig, nadelig und drusenartig.

Die oxydischen Zinkmineralien sind bisweilen ebenso schwierig zu bestimmen. Deshalb bedarf es einer sorgfältigen Untersuchung und Erforschung derartiger „eiserner Hüte“. Bei hohem Gehalt des Bleis in den Cerussiterzen können diese Erze unter Umgehung einer Aufbereitung unmittelbar geschmolzen werden, bisweilen müssen sie nur von Tonen und anderen Beimengungen befreit werden.

Diese originellen „eisernen Hüte“ bilden hinsichtlich ihrer Zusammensetzung entweder einen monometallischen Rohstoff oder in ihnen treten mehrere Metalle auf. Infolge des ungleichartigen chemischen Verhaltens von Blei und Zink unter Oberflächenbedingungen fallen diese Metalle bei den Oberflächenprozessen nicht gleichzeitig aus, daher sind in der Oxydationszone von Blei-Zinklagerstätten in Karbonatgesteinen Fälle einer selektiven Konzentration von oxydischen Blei- und oxydischen Zinkerzen zu beobachten. Alle diese Details müssen bei den Sucharbeiten auf Blei und Zink geklärt und berücksichtigt werden.

In den in Hochgebirgsgebieten gelegenen Lagerstätten, wo die chemische Verwitterung hinter der mechanischen Verwitterung zurückbleibt, sind typische Oxydationszonen nur schwach entwickelt oder sie fehlen sogar ganz. Hier muß der Gehängeschutt an den Talflanken untersucht werden, ferner sind die Lockermassen in den Tälern (Geröllmethode, Schlichmethode usw.) zu untersuchen.

Die übergroße Mehrzahl der Blei- und Zinklagerstätten ist in Gebieten mit vorwiegend sauren Eruptivgesteinen konzentriert. Dagegen fehlen Blei- und Zinklagerstätten in den Gebieten mit basischen und ultrabasischen Gesteinen in der Regel. Der Bleigehalt in den sauren Gesteinen ist nach den Angaben von SANDELL und GOLDICH (1943) doppelt so groß, und nach den Daten von HEVESY, HOBBIE und HOLMS (1931) 6mal so groß wie in den basischen (gabbroiden) Gesteinen.

Das unten nach den Daten von HEVESY, HOBBIE und HOLMS angeführte Diagramm zeigt den Zusammenhang von Blei und Zink mit bestimmten Gesteinstypen und ihre Konzentration (Abbildung 1).

Daher ist die Petrochemie eines Gebiets ebenfalls ein wichtiger Faktor bei den Such- und Erkundungsarbeiten auf Blei und Zink.

Berücksichtigt man die Kompliziertheit der natürlichen Prozesse, wie Ungleichaltrigkeit und Überprägungen der Intrusionen und der verschiedenen Gesteinstypen sowie der damit zusammenhängenden Lagerstätten verschiedener Metalle, so muß man die oben angeführte Gesetzmäßigkeit von der vorwiegenden Konzentration von Blei und Zink in Zusammenhang mit den sauren Gesteinen in einigen Punkten korrigieren.

Für die vorläufige Einschätzung eines Erzvorkommens müssen die Schürfbaue in eine gewisse Tiefe vorgetrieben werden, da eine disperse oder arme Vererzung an der Oberfläche noch nicht besagt, daß sie diesen Charakter mit der Tiefe beibehält.

Wie bereits erwähnt wurde, ist die geologische Erforschtheit des gesamten Territoriums der Sowjetunion vorläufig noch ungenügend und ungleichmäßig. Geologische Karten mit dem Maßstab größer als 1 : 50000 liegen nur für kleine Flächen nutzbar gemachter Gebiete vor. Zugleich sind in den Hauptindustriebezirken, z. B. im Ural, Altai, Karatau, Nordossetien, in einigen Teilen der mittelasiatischen Republiken, große Flächen im Maßstab 1 : 100000 untersucht. Die Daten der Sucharbeiten und der betrieblichen geologischen Erkundungsarbeiten zeigen, daß die meisten Blei-Zinklagerstätten, die auf der Basis der existierenden Prospektionskriterien leicht aufzufinden sind, in den aufgezählten Gebieten praktisch schon nahezu erschöpft sind. Das bedeutet nicht, daß es in diesen Gebieten keine verborgenen Lagerstätten mehr gibt, und tatsächlich werden in Gebieten mit bereits genutzten Lagerstätten auf deren tiefen Horizonten jährlich eine Anzahl neuer Erzkörper gefunden. Trotzdem wird das Auffinden neuer Lagerstätten mit Hilfe der vorhandenen Prospektionskriterien und -methoden immer schwieriger. Daher müssen zur Ergänzung der bereits bekannten geologischen Kriterien und der gewöhnlichen Suchmethoden neue Suchmethoden entwickelt werden, welche die Ergebnisse beim Aufsuchen tiefliegender Blei-Zinklagerstätten verbessern können.

Für die effektive Durchführung der Sucharbeiten ist es notwendig, folgende geophysikalische Suchmethoden anzuwenden: elektrometrische, gravimetrische, magnetometrische und radiometrische Aufnahmen.

1. Die elektrometrische Aufnahme gibt Unterlagen über den geologischen Bau, das Auftreten einer Vererzung und über die ungefähren Lagerungsverhältnisse der Erzkörper. Sie wird selbständig oder in Verbindung mit anderen Methoden durchgeführt.

Die elektrische Vertikalsondierung (WES) wird angewandt bei der Bestimmung der Lagerungsteufe der einzelnen Gesteinshorizonte und bei der Erkundung flacheinfallender Strukturen und Serien; die Elektroprofilierung wird angewandt bei der geologischen Kartierung, bei der Auffindung geologischer Strukturen und Serien geringmächtiger Körper mit gestreckter Form.

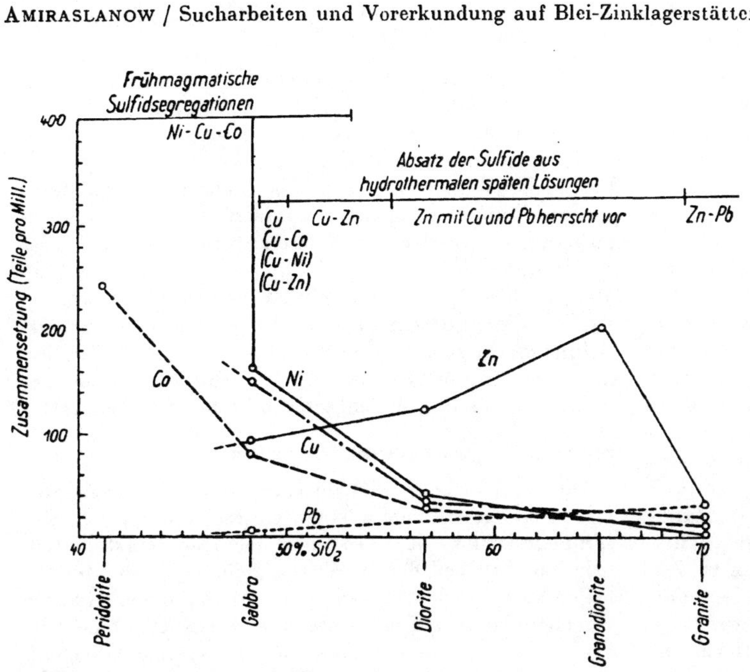

Diagramm des Zusammenhangs zwischen Blei, Zink, Kupfer sowie anderen Elementen und Eruptivgesteinen

Das Verfahren der linearen Elektroden, die Methode des geladenen Körpers und die Methode des natürlichen elektrischen Feldes finden Verwendung beim Aufsuchen und der Erkundung sulfidischer Erzkörper, insbesondere solcher vom Kiestyp. Die Verwendung der einzelnen Formen dieser Methode im Ural (Aufsuchen von Kieslagerstätten) gab und gibt im Augenblick positive Resultate. Ein Mangel dieser Methode besteht darin, daß Erzkörper, die in größeren Teufen als 80 bis 100 m liegen, bisher nicht erfaßt werden. Die Verwendung geophysikalischer Komplexmethoden (Kompensierung, Isolinien, künstlich erregte Felder, Profilierung) gab im Ural gute Resultate.

2. Die gravimetrische Methode wird ebenfalls bei den Such- und Erkundungsarbeiten auf Blei und Zink angewandt. Günstig liegen die Verhältnisse für die Anwendung dieser Methode dann, wenn die Gesteine, welche die Erzfelder zusammensetzen, wesentliche Dichteunterschiede aufweisen, gut ausgeprägte Strukturen vorliegen und ein ausgeglichenes Oberflächenrelief der primären Gesteine zu beobachten ist. Die gravimetrische Aufnahme kann flächenhaft, nach Marschrouten oder nach bestimmten Profilen erfolgen. Diese Methode wird im Komplex mit anderen geophysikalischen Methoden angewandt.

3. Die Magnetometrie ist die Hauptmethode für Such- und Erkundungsarbeiten auf mineralische Rohstoffe, die magnetische Eigenschaften besitzen (Magnetit, Titanomagnetit, Magnetkies, Hämatit u. a.). Diese Methode kann als indirekte Methode zum Aufsuchen und Erkunden von Blei beim Verfolgen der geologischen Strukturen und zur Festlegung der Grenzen oder Kontakte der einzelnen Gesteine im Erzfeld angewandt werden.

4. Die Radiometrie wird im Zusammenhang damit angewandt, daß im Komplex mit den Blei-Zinkmineralien in einer Anzahl von Fällen auch Mineralien mit radioaktiven Eigenschaften auftreten.

5. Die Karottage wird in ziemlich breitem Umfang in allen Etappen der geologischen Erkundungsarbeiten zur Bohrlochuntersuchung angewandt. Bei sehr komplizierten geologischen Verhältnissen, wo die Gesteine stark gequetscht, zerdrückt, geklüftet und verwittert sind und wo man nicht den notwendigen Kerngewinn erhält, bedarf man dieser Methode zur Aufstellung des Kontrollprofiles.

6. Zur Auffindung verborgener Erzkörper, ebenso zur Auffindung paralleler Erzkörper bei im Abbau befindlichen Lagerstätten, wird die ondometrische Methode (Schattenmethode) angewandt.

Ihre Anwendung zeitigte im Ural positive Ergebnisse.

Alle diese Methoden (außer der Karottage) leiden an einem wesentlichen Mangel: ihre effektive Wirkung erstreckt sich nur bis zu einer Teufe von 80 bis 100 m.

Wie bereits erwähnt wurde, ist die Bleivererzung in der Natur in der überwiegenden Mehrzahl der Fälle komplex, d. h. in den Erzen kommen Mineralien mit verschiedenen physikalischen Eigenschaften (magnetischen, radioaktiven usw.) vor. Wenn man daher verschiedene Methoden oder die Methoden komplex anwendet, kann man dem Geologen helfen, die Möglichkeiten des zu untersuchenden Gebiets auch in bezug auf die Bleierze gründlicher zu interpretieren.

Von diesem Leitsatz ausgehend, ebenso ausgehend davon, daß in der Gegenwart keine effektive spezielle Methode der geophysikalischen Arbeiten zum Aufsuchen von Bleierzen vorhanden ist, kann man bei den Sucharbeiten folgende Arten der geophysikalischen Arbeiten empfehlen:

Die gravimetrische und die magnetometrische Methode helfen dem prospektierenden und dem kartierenden Geologen, zusätzliche Daten zu erhalten, welche die Lagerungsverhältnisse der Gesteine, ihre Beziehungen zueinander und den Charakter der tektonischen Strukturen präzisieren. Solche Unterlagen verhelfen auch zu einer besseren Untersuchung des geologischen Baues des Gebiets. Diese Methoden sind besonders nützlich in Gebieten, wo eine verhältnismäßig mächtige Decke tertiärer und quartärer Ablagerungen vorhanden ist.

Wenn die Bleivererzung in einem Gebiet zum Kiestyp gehört, ist neben anderen Methoden auch die Elektrometrie mit ihren Abarten zu empfehlen, die im Ural positive Resultate beim Aufsuchen von Kieserzen gab. Diese Methode ist ohne Vorbehalt nützlich bei den Sucharbeiten auf bestimmte Typen komplexer Blei-Zinkerze.

Bei im Abbau befindlichen Lagerstätten muß zur Auffindung paralleler Erzkörper seitlich der hauptsächlichen im Abbau befindlichen Lagerstätten die ondometrische Methode angewandt werden, wobei man die vorhandenen Abbaue benutzt. Bei der Erkundung mit Hilfe von Bohrungen wird die Karottage zur qualitativen Charakteristik der angetroffenen Gesteine und Erze obligatorisch angewandt.

Die metallometrische Aufnahme

Bekanntlich verwittern die Ausbisse von Lagerstätten beliebiger Metalle, darunter auch von Blei und Zink, unter dem Einfluß der Oberflächenagentien chemisch und mechanisch. Im Zusammenhang damit reichern sich im Gebiet der primären Blei-Zinklagerstätten die Gesteine des Erzfeldes in ihren oberen Teilen mit Metallen, in diesem Fall mit Blei und Zink, an. Ihre Verbindungen werden auf einer bedeutend größeren Fläche fixiert, als das in den primären Erzkörpern der Fall ist. Die eluvialen und deluvialen Schichten im Gebiet der Blei-Zinklagerstätten enthalten eine unverhältnismäßig hohe Konzentration dieser Metalle.

Die Aufgabe der metallometrischen Aufnahme als einer Prospektionsmethode besteht darin, diese Dispersionshöfe aufzufinden, ihren Charakter zu untersuchen und die Anwesenheit oder das Fehlen von Erzkörpern in dem zu untersuchenden Gebiet nachzuweisen. Auf der Grundlage dieser Aufnahme werden die Umrisse der Felder für die weiteren Erkundungsarbeiten festgelegt. Entsprechend dem Verfahren zur Analysierung der Proben, die bei der metallometrischen Aufnahme entnommen werden, wird die letztere in Handstück-, Schlich- und Spektralaufnahme untergliedert.

Die metallometrische Aufnahme erfolgt unter Zugrundelegung einer topographischen Karte entsprechenden Maßstabes. Die entnommenen Proben müssen gleichmäßig über das zu untersuchende Gebiet verteilt sein und den Durchschnittsgehalt der Metalle in der von der Probe repräsentierten Zone widerspiegeln. Die entnommenen Proben müssen sogleich spektralanalytisch qualitativ untersucht werden. Darauf entnimmt der Geologe Proben und stellt ein Verzeichnis der Elemente auf, die chemisch bestimmt werden sollen. Die bei dieser Arbeit erhaltenen Daten werden in einem Bericht verallgemeinert, dem eine Karte beigegeben ist, auf der Punkte gleicher Konzentrationen eines Metalls (verschiedener Metalle) miteinander verbunden sind. Bei der Anfertigung dieser „Isokonzentrationenkarte" ist der Geologe verpflichtet, den geologischen Aufbau sowie die Lagerungsverhältnisse der Gesteine und Erzkörper zu berücksichtigen. Die Isolinienkarte wird für jedes Metall einzeln angefertigt. Der Maßstab der Aufnahme hängt von der Größe des Feldes und von der Aufgabenstellung ab. Wenn das Feld, auf dem ein höherer Gehalt an Metallen vorliegt, isometrische Form besitzt, werden die Proben nach einem quadratischen Netz entnommen. Bei länglicher Form des Feldes werden die Proben nach Profilen entnommen. Der Abstand zwischen den Profillinien und den Punkten hängt in jedem konkreten Fall von den Abmessungen und der Form der Dispersionshöfe ab. Die Proben werden unmittelbar aus der Bodenschicht in einer Menge von 100—200 g entnommen. Bemustert werden auch alte Halden, ‚abgerollte' Stücke vererzter Gesteine sowie die ursprünglichen Ausbisse. Unter Zugrundelegung der bei der metallometrischen Aufnahme erzielten Ergebnisse werden auf den Feldern mit der größten Blei- oder Zinkkonzentration bergmännische Erkundungsarbeiten und fernerhin Bohrungen angesetzt.

Die Schlichmethode zum Aufsuchen von Blei und Zink

Obgleich die primären Blei- und Zinkmineralien an der Oberfläche nicht stabil sind, besteht trotzdem kein Grund, die Anwendung dieser Methode beim Aufsuchen polymetallischer Erze restlos auszuschließen. Bleiglanz, der an der Oberfläche chemisch ziemlich rasch verwittert, überzieht sich mit einer dünnen Schicht von Anglesit und Cerussit und wird damit vor der weiteren Einwirkung der chemischen Verwitterung geschützt. Cerussit, Anglesit und Smithsonit als an der Erdoberfläche beständige Mineralien, ferner die sie in den polymetallischen Erzen begleitenden beständigen Mineralien, die mechanisch verwittern, werden transportiert, und sie sammeln sich in den deluvialen und eluvialen Ablagerungen an. Die Schlichmethode liefert bei einem gegliederten Relief und einem entwickelten hydrographischen Netz die besten Ergebnisse. Zur Schlichaufnahme und zu dieser Art der Bemusterung gehören im einzelnen: die Routenaufnahme, die Flächenaufnahmen und die detaillierte Aufnahme. Die Schlichaufnahme selbst wird wie in allen anderen Fällen ausgeführt. Die Schliche werden sowohl mineralogisch als auch chemisch untersucht. Die Schlichmethode der Prospektion liefert in Koordination mit geomorphologischen Untersuchungen und der metallometrischen Aufnahme die besten Ergebnisse.

Die hydrochemische Prospektionsmethode

Die Oberflächen- und Untertagewässer reichern sich mit den chemischen Elementen an, die an der Zusammensetzung der Gesteine der Lagerstätten teilnehmen. Ein Teil der im Wasser gelösten Elemente fällt bei entsprechenden geologischen und physikochemischen Gegebenheiten aus der Lösung aus, ein Teil bleibt im Wasser gelöst. Diese Wässer müssen systematisch entnommen und chemisch auf Blei, Zink und andere Elemente untersucht werden. Durch Feststellung der Speisungsquelle dieser Wässer und Verfolgung ihres Weges kann der Geologe die vorrangigen Gebiete für die Ansetzung von Sucharbeiten bestimmen.

Die geochemische Suchmethode

Diese Methode sieht die Klärung von Form und Abmessungen der Dispersionshöfe von Blei, Zink und der sie begleitenden Elemente vor. Sie erhellt die Gesetzmäßigkeiten der Dispersion in Abhängigkeit von der mineralogischen und korngrößenmäßigen Zusammensetzung der Deckschichten und ihrer Mächtigkeit, sie klärt das Auftreten einer Verwitterungskruste, die Existenz von Oxydationszonen der Erzkörper und aller anderen Veränderungen, die mit der Tätigkeit der Oberflächenagentien zusammenhängen. Die geochemische Methode liefert Hinweise über die Konzentration des Bleis und Zinks, ebenso der anderen Elemente in den unterlagernden ursprünglichen Gesteinen und ihren Ausbissen an der Oberfläche.

Bei der Durchführung der geochemischen Untersuchung muß nicht nur der Bereich des Erzvorkommens untersucht werden, sondern es müssen auch die Ausbisse der Eruptiv- und Sedimentgesteine studiert werden, die an die erzführenden Bereiche anschließen. Die Gesteine werden bemustert (mineralogisch und durch Entnahme normaler Proben aus künstlichen Aufschlüssen), spektralanalytisch qualitativ untersucht, ferner wird ein Teil von ihnen chemisch untersucht. Daneben wird die mineralische Zusammensetzung der Gesteine sowohl im Gebiet des Erzvorkommens als auch in den anschließenden Gebieten untersucht. Die Anzahl der chemisch zu bestimmenden Elemente wird in jedem konkreten Fall entsprechend der petrographisch-lithologischen Zusammensetzung der Gesteine und dem Charakter der Vererzung festgelegt. Schließlich werden eine Karte der Verbreitung der einzelnen Elemente angefertigt sowie geochemische Profile zusammengestellt. Die geochemische Untersuchung und die Hervorhebung (Ausscheidung) von Feldern unterschiedlicher Blei- und Zinkkonzentrationen trägt zur sachgemäßen Bestimmung der Richtung der Sucharbeiten und zur Ausscheidung von Gebieten bei, die vorrangig zu untersuchen sind.

Die biochemische Methode

Alle unter Tiefenbedingungen stabilen Verbindungen sind an der Oberfläche der chemischen Verwitterung unterworfen. Viele Pflanzen nehmen aus dem Boden oder aus Lösung einen gewissen Teil des gelösten Bleis oder Zinks ziemlich aktiv auf. Nach Analyse der Asche der Pflanzen auf die entsprechenden Elemente kann der Geologe die erzielten Ergebnisse zur Festlegung der effektivsten Richtung der Sucharbeiten benutzen.

Die biochemischen Untersuchungen von I. I. GINSBURG im Südural bei der Untersuchung von silikatischen Nickelerzen, ferner die Untersuchungen der Hauptabteilung Geologie des Ministeriums für Buntmetalle der UdSSR in Westsibirien im Gebiet einer Molybdänlagerstätte lieferten positive Ergebnisse.

Bohrarbeiten beim Aufsuchen und bei der Erkundung

Bohrungen werden bei der Durchführung der Sucharbeiten angesetzt, um die festgestellten Erzkörper in der Tiefe zu untersuchen, ferner werden Bohrungen auf Feldern angesetzt, die von mächtigen Alluvionen überdeckt sind, schließlich in Gebieten, in denen das Auftreten nicht zutage ausgehender Erzkörper möglich ist. Bohrungen benutzt man auch bei der Überprüfung verschiedener Anomalien, die bei der Durchführung der geophysikalischen Untersuchungen aufgefunden wurden. Das Suchbohren auf Blei und Zink wird gewöhnlich mit Kernbohrgeräten ausgeführt. Die Bohrungen werden auf Profilen angesetzt, die quer zum vermutlichen Streichen des Erzvorkommens oder der produktiven Strukturen verlaufen. Der Abstand zwischen den Profilen und zwischen den Bohrungen hängt von der Form und der Größe des Erzvorkommens und der Strukturen ab. In unserer Praxis wird der Abstand zwischen den Linien der Suchbohrungen gewöhnlich mit 400 m angesetzt und zwischen den Bohrungen auf den Profilen mit 200 m, mit weiterer Verdichtung bis auf 100 m, wenn sich die Notwendigkeit ergibt, das Erzvorkommen, die Strukturen oder die einzelnen Gesteinshorizonte genauer zu erfassen.

Das Aufsuchen unter Verwendung bergmännischer Aufschlüsse ist eine der Hauptmethoden der Sucharbeiten und der Vorerkundung. Diese Methode wird bei der detaillierten Kartierung der mit Alluvionen bedeckten Felder angewandt, ferner zum Aufschluß, zur Verfolgung und Umgrenzung der Erzvorkommen, Erzkörper und erzführenden Strukturen von der Oberfläche her.

Die ursprünglichen Gesteine und Erzkörper werden mit Hilfe von Gräben, Schürfen, Schurflöchern, Stollen, Schurfschächten usw. aufgeschlossen. Die Auswahl und die Anwendung der verschiedenen Aufschlußformen hängt von der Mächtigkeit der Alluvionen, dem Relief des zu untersuchenden Gebiets, der Standfestigkeit und der Wasserführung der Gesteine usw. ab.

Bei geringen Mächtigkeiten der überdeckenden Schichten (3—4 m) erfolgt der Aufschluß und die Umgrenzung der Erzkörper und der produktiven Strukturen mit Hilfe von Gräben. Die letzteren werden quer zum Streichen der Erzkörper oder der geologischen Strukturen angesetzt, obwohl es auch Fälle gibt, wo die Gräben im Streichen der Erzkörper angesetzt werden. Die Gräben werden in Hauptgräben und kurze Gräben eingeteilt. Die Hauptgräben verlaufen nach einem relativ weitmaschigen Netz, und sie haben die Aufgabe, die geologischen Strukturen und die Erzführung des gesamten Feldes zu klären und hier vorhandene parallel verlaufende Erzkörper anzufahren. Die kurzen Gräben werden dichter angesetzt, um bestimmte Erzkörper zu untersuchen. Ihre Länge muß so sein, daß sie nicht nur den zu erkundenden Erzkörper aufschließen, sondern auch die Nebengesteine, zwecks Charakteristik der letzteren und der Auffindung einer darin auftretenden eingesprengten Vererzung, ferner zur Auffindung von Apophysen und Trümern des zu erkundenden Erzkörpers. Der Abstand zwischen den gewöhnlichen (kurzen) Gräben hängt von der Form des Erzkörpers ab, und man wählt ihn gewöhnlich zwischen 50 und 100 m. Gräben im Streichen der Erzkörper werden dann angesetzt, wenn die Mächtigkeit der Erzkörper gering ist (nicht über 1,0—1,5 m hinausgeht).

Bei Anwesenheit von Alluvionen mit über 5 m Mächtigkeit werden die Erzkörper durch Schürfe erkundet. Die Schürfe werden nach festgesetzten Schürflinien quer zum Streichen des vermuteten Erzkörpers angesetzt. Die Schürfe werden durch Örter ergänzt (bei steilem Einfallen der Erzkörper zwischen 50 und 90°). Die Schürfe werden bis zu einer Tiefe projektiert, die für den Aufschluß der Erzkörper und der entsprechenden Strukturen ausreicht. Der Abstand zwischen den Schürfen hängt von der Form und den Lagerungsverhältnissen der vermutlichen Erzkörper und dem Relief ab. Bei stark gegliedertem Relief werden die ursprünglichen Gesteine und die Erzkörper durch Stollen aufgeschlossen. Diese Stollen verlaufen je nach dem Relief und den Lagerungsverhältnissen der Erzkörper entweder sofort im Streichen der letzteren oder anfangs quer zum Streichen der Erzkörper und dann im Streichen. In beiden Fällen werden aus den Stollen Örter quer zum Streichen der Erzkörper aufgefahren. Der Abstand zwischen den Örtern beträgt gewöhnlich 40—50 m, bisweilen auch mehr. Der Abstand zwischen den Stollenmundlöchern beträgt in der Vertikalen gewöhnlich die Höhe einer Abbausohle, also 40—60 m.

Man muß jedoch dessen eingedenk sein, daß die Methode der Prospektion und der Vorerkundung mit Hilfe von künstlichen Aufschlüssen nur bis zu geringen Teufen vordringt. Daher ist nur die Anwendung der Gesamtheit der oben beschriebenen Methoden eine Garantie für effektivere geologische Erkundungsarbeiten.

In den letzten Jahren wird in der Literatur und in geologischen Berichten die Notwendigkeit betont, Methoden zur Tiefenprospektion zu erarbeiten. Das ist eine neue Frage, und dazu gibt es vorläufig keinerlei wie auch immer geartete vorläufige methodische Verfahren. Einige Erwägungen lassen sich wie folgt zusammenfassen:

Die Tiefenprospektion und die Tiefenerkundung müssen sich auf die Klärung der grundlegenden geologischen Gesetzmäßigkeiten des Prozesses der Erzbildung und der Verteilung der Erzkörper stützen, ferner auf das schnelle quantitative und qualitative Wachstum der Mechanisierung des geologischen Such- und Erkundungswesens. Die geologischen Erkundungsarbeiten im Ural, Altai und in Mittelasien, wo Geologenkollektivs zielstrebig und gründlich die Hauptgesetzmäßigkeiten des geologischen Aufbaues der Erzfelder und die Lokalisation der Erzkörper studierten, wurden mit positiven Ergebnissen der Tiefenprospektion und -erkundung abgeschlossen.

Im Altai deuteten die Geologen auf Grund der Erfahrung der komplexen Untersuchung der Verhältnisse des Erzfeldes von Leninogorsk richtig das Auftreten von Brachyfaltenstrukturen meridionalen Streichens, die Aufeinanderfolge der Gesteine im stratigraphischen Profil und die Gebundenheit der industriellen Vererzung an die Flanken von Mikrokuppeln am Kontakt von Tonschiefern (Hangendes) und verquarzten vererzten Tuffen (Liegendes). Eine richtige Strukturanalyse, ebenso die stratigraphisch-lithologische Charakteristik der Gesteine des Gebiets gaben dem Erkundungsgeologen ein bestimmtes Material in die Hand, und diese Faktoren orientierten auch die Such- und Erkundungsarbeiten.

Die Geologen in Mittelasien, welche die Gebiete Chaidarkan und des Karamasargebirges eingehend kartierten und die Ergebnisse der Erkundungsarbeiten verallgemeinerten, die auf den Lagerstätten Altyn-Topkan, Kurgaschinkan, Tschalata u. a. erzielt wurden, deuteten richtig die Merkmale der erzführenden Strukturen und stellten ihren Zusammenhang in bestimmten Teufen fest, was ihnen die Möglichkeit gab, die Gesetzmäßigkeiten der Verteilung zahlreicher Erzkörper in diesem Gebiet zu klären, die sowohl am Kontakt von Eruptiv- und Karbonatgesteinen als auch weit entfernt davon liegen. So wurde das Wechselverhältnis der Erzkörper geklärt, die am Kontakt in Skarngesteinen mit Erzkörpern röhrenartiger Form lagern und weit vom Kontakt entfernt in Kalksteinen liegen.

So wurden auch die Lokalisierungsbedingungen kleiner und komplizierter Erzkörper im Rayon Kansai in Verbindung mit den Strukturverhältnissen in diesem Gebiet gedeutet. In der Praxis der geologischen Erkundungsarbeiten in einer Reihe von Rayons der Sowjetunion bewiesen die Geologen präzis, daß die Blei-Zinklagerstätten zu vielen stratigraphischen Stufen der Erzfelder gehören (Altai, Mittelasien u. a.). Daher liefert die eingehende Erkundung der Rayons, die Untersuchung der Strukturverhältnisse, die Anwendung des Komplexes der oben beschriebenen Such- und Erkundungsmethoden den Geologen wichtige theoretische Kriterien für die Richtung der geologischen Erkundungsarbeiten.

Eine vorläufige, insbesondere aber die vollständige Einschätzung der industriellen Erzführung eines Gebietes muß sich auf die Unterlagen des Komplexes der Such- und Erkundungsmethoden stützen. Lediglich die Unterlagen der an der Oberfläche erfolgten Such- und Erkundungsarbeiten gestatten es nicht, den Umfang und die Qualität der zu untersuchenden Erzvorkommen sachgemäß einzuschätzen. Die Daten der an der Oberfläche erfolgten Arbeiten im Komplex mit den Unterlagen der Tiefenerkundungen sind bei der Einschätzung immer zuverlässiger.

Die in der Praxis der geologischen Erkundungsarbeiten auftretenden Fehler bei der Bewertung neu aufgefundener Lagerstätten rühren daher, daß in einzelnen Fällen die Unterlagen des Komplexes der Such- und Erkundungsarbeiten nicht verallgemeinert werden. So zwingen geophysikalische Anomalien, die durch andere Methoden nicht überprüft wurden, den Geologen dazu, sie für alles mögliche zu halten, nur nicht für durch Erz hervorgerufene; die Untersuchung lediglich der Strukturen auf bestimmte Entfernungen ohne Daten über eine auch nur ungefähre Verteilung der Erzkörper in diesen Strukturen führt zu den gleichen Fehlern, da die Kompliziertheit der Lokalisierung der Erzkörper sogar in den einfachen Strukturen nicht berücksichtigt wird.

Für eine richtige Einschätzung der Blei- und Zinklagerstätten beim Aufsuchen und Erkunden muß eine bestimmte Aufeinanderfolge der geologischen Erkundungsarbeiten eingehalten werden. Wir stoßen alltäglich auf solche Fälle, daß ein Geologe, der sich in den geologischen Fragen nicht im einzelnen auskennt, ohne Klärung des Verhaltens der Erzvorkommen und der Mineralisationen an der Oberfläche oder in Oberflächennähe sofort zur Erkundung der tieferen Teile übergeht, und zwar unter Anwendung von bergmännischen Aufschlüssen und Bohrungen, häufig mit einem sehr dichten Netz. Dadurch wird eine Reihe nutzloser Aufschlüsse aufgefahren. Daher besteht eine erstrangige Arbeit bei der Untersuchung eines Rayons darin, oberflächliche Such- und Erkundungsbaue aufzufahren, die metallometrische Analyse und detaillierte geologisch-strukturelle Aufnahme durchzuführen, um die geologischen Verhältnisse des Rayons zu klären, ferner die Gebundenheit der Vererzung an bestimmte Folgen, die Verteilung der Mineralisation in den oberflächlichen Teilen der Lagerstätten, das Auftreten oder Fehlen einer Oxydations- oder Auslaugungszone, die Ausdehnung der Erze im Streichen, ihre Mächtigkeit usw. Erst auf der Grundlage dieser Materialien kann man eine Untersuchung der tieferen Horizonte durchführen.

Für eine vorläufige Einschätzung der Erzführung eines Rayons begnügt man sich gewöhnlich damit, nach einem sehr weitmaschigen Netz das Verhalten der Vererzung an der Oberfläche und in der Tiefe (in der Größenordnung von 100—200 m) zu klären. Der Abstand zwischen den Linien variiert zwischen 100—400 m. Nur bei einer sehr schwierigen Morphologie kann der Abstand zwischen den Bohrprofilen auf 50—100 m verdichtet werden.

Aus der Praxis der geologischen Erkundungsorganisationen der Sowjetunion kann man feststellen, daß der Geologe bei der Einschätzung von Metallagerstätten gerade bei den Sucharbeiten und den geologischen Vorerkundungsarbeiten grundlegende Fehler begeht. Diese Fehler resultieren aus: 1. der Unklarheit über das Verhalten der Vererzung an der Oberfläche infolge der Nichterfüllung des notwendigen Komplexes der Schürfbaue; 2. dem Fehlen von genügend Material über die Umgrenzung der Ausbisse industrieller Erzkörper; 3. der irrigen und allzu optimistischen Extrapolation und Interpolation der Daten, die ein nur geringer Umfang der Schürfbaue geliefert hat; 4. der falschen Bemusterung der Erzvorkommen; 5. der ungenauen Arbeit der chemischen Laboratorien; 6. der unvollständigen Arbeit bei der Bestimmung des Gehaltes der Haupt- und Nebenkomponenten im Erz.

Die Bemusterung ist eine der wichtigsten Arbeitsformen für eine sachgemäße Bestimmung der Güte des zu untersuchenden Rohstoffs (darunter auch der Blei-Zinkerze). Es gelingt nicht, die Qualität eines eben gefundenen und sehr wenig erkundeten Rohstoffs verhältnismäßig genau zu bestimmen. Der Erkundungsgeologe muß jedoch seine Arbeit so organisieren, daß er zwecks Vermeidung von Fehlern neben der quantitativen Bewertung der Blei- und Zinkerze auch eine qualitative Charakteristik der Erze geben kann, eingedenk dessen, daß ein Fehlen dieser Charakteristik zur Überschätzung oder Unterbewertung der Lagerstätten führen kann.

Eine sachgemäße Durchführung der Bemusterung und die Dichte des Netzes der Bemusterungsbaue hängt vollständig vom Charakter der Mineralverteilung im Erz, von den Erzsorten und der Form der Erzkörper ab. Keinerlei mathematische noch andere Formeln schützen vor Fehlern bei der Bemusterung, wenn der Untersuchende den Charakter und die Natur des mineralischen Rohstoffs selbst nicht verstanden und erkannt hat. Daher ist bei der Projektierung der Bemusterungsmethodik bei den Sucharbeiten folgendes zu klären: 1. Welche Mineralverbindungen bilden den Erzkörper (Mineralien der Oxydationszone, Mineralien der Übergangszone, Mineralien der sekundären sulfidischen Anreicherungen, Mineralien der primären Erze); 2. die Sorten der Erze und ihr industrieller Wert (reiche bzw. arme Erze) sind, wenn auch nur vorläufig, festzustellen; 3. zu ermitteln ist der Charakter der Verteilung der nutzbaren Mineralaggregate in der Schicht, im Gang, in der Linse, im Stock, im Lager und in anderen Formen der Erzkörper, d. h., es ist die gleichmäßige, ungleichmäßige, nestartige bzw. schlierenartige Verteilung der Erzmineralien zu bestimmen.

Durch diese und noch viele andere Faktoren werden die Stellen für die Ansetzung und die Dichte der Bemusterungsbaue bestimmt (Länge, Breite, Tiefe und Anzahl dieser Baue). Ohne Berücksichtigung dieser Faktoren gibt die Konstruktion des Netzes der Bemusterungsbaue lediglich nach mathematischen Formeln nicht die Möglichkeit, das wahre Verhalten und die qualitative Charakteristik der Blei-Zinkerze zu ermitteln. Die Ansetzung (Verteilung) der Bemusterungspunkte muß allen jenen Hauptfaktoren entsprechen, die wir bereits anführten. Man muß kategorisch Einspruch erheben gegen die Bewertung neu aufgefundener industrieller Blei-Zinkerzvorkommen auf der Grundlage von Daten, die einzelne zufällige Stufenproben und Proben geliefert haben, ebenfalls kann man sich nicht auf die Daten verlassen, die ausgewählte Proben aus den reichsten Abschnitten der Erzkörper geliefert haben. Die Probe muß repräsentativ sein, d. h. das Erzvorkommen oder die industrielle Vererzung objektiv vertreten und charakterisieren.

Bei Beachtung dieser Empfehlungen wird der Erkundungsgeologe über objektive Unterlagen verfügen und besonders schwerwiegende Fehler vermeiden.

Die Proben, welche die vom Erkundungsgeologen nachgewiesenen Lagerstätten kennzeichnen, werden weiter behandelt und in das chemische Laboratorium zur komplexen quantitativen Untersuchung der enthaltenen Komponenten gegeben. Die Anwesenheit der nutzbaren Komponenten kann chemisch, spektralanalytisch (qualitativ, selten quantitativ) und polarographisch nachgewiesen werden. Alle diese Methoden werden bei der Analyse von Blei- und Zinkerzen angewandt. Die grundlegende und entscheidende Methode ist jedoch die chemische Analyse.

Die bei der Arbeit der chemischen Laboratorien und der Chemiker auftretenden Fehler stehen hauptsächlich im Zusammenhang mit der Qualifikation der Chemiker, mit der Arbeitsmethodik, mit der Reinheit der Reagenzien, der Geräte und der Laborräume.

Zur systematischen Kontrolle der Richtigkeit der ausgeführten Analysen ist der Geologe verpflichtet, engsten Kontakt mit den Laboratorien zu halten. Er muß die äußere und innere Kontrolle der Probenduplikate organisieren, um die Arbeit der chemischen Laboratorien zu überprüfen.

Fehler und eine falsche Bewertung bei den Such- und Erkundungsarbeiten eben aufgefundener Blei-Zinklagerstätten können eintreten, wenn der Erkundungsgeologe und der Untersuchende das aufgefundene Objekt nicht komplex untersuchen, d. h. wenn sie nicht auf alle Elemente die Untersuchung durchführen, sondern nur auf die Hauptmetalle. Ein solches Verfahren ist von Grund auf falsch. Die komplexe Untersuchung der Erze muß gleich im allerersten Stadium des Aufsuchens und Erkundens der Lagerstätten durchgeführt werden. Wie die Erfahrungen der geologischen Erkundungsarbeiten und der Gewinnungsarbeiten zeigen, müssen die Blei-Zinklagerstätten auf folgende Elemente bemustert und untersucht werden: Blei, Zink, Kupfer, Schwefel, Gold, Silber, Cadmium, Barium, Molybdän, Zinn, Selen, Tellur, Germanium, Wismut, Indium und viele andere.

Der Erkundungsgeologe muß sich breiter Interpolationen und besonders Extrapolationen im Anfangsstadium der Such- und Erkundungsarbeiten bei der Einschätzung der Größe und der Qualität der Blei-Zinkerze enthalten, da er in diesem Stadium der Arbeiten nur über eine sehr beschränkte Menge von Tatsachenmaterial verfügt: es fehlt eine genügende Anzahl von Aufschlüssen (Bohrungen und bergmännische Aufschlüsse) für die Tiefenhorizonte; es gibt komplizierte und veränderliche Formen des Auftretens der Blei-Zinkvererzung. Fälle sind nicht selten, daß sich große Erzkörper (Stöcke, Linsen, Lager u. a.) ziemlich rasch in geringer Tiefe und an den Flanken in einer Anzahl geringmächtiger Erzkörper zerschlagen und dann schnell auskeilen, bisweilen nehmen aber geringmächtige und arme Erzkörper mit der Tiefe schnell an Mächtigkeit und Metallgehalt zu. Bekanntlich treten in Tiefenhorizonten neue verborgene Erzkörper auf, wenn sich die Sorten der Erze in einem geringen Intervall ändern.

Ein voreiliger Schluß ist sogar bei der Höffigkeit der Lagerstätte durch nichts gerechtfertigt. Man muß auf der Grundlage der in geringer Menge vorliegenden geologischen Unterlagen den Rayon vom Gesichtspunkt einer möglichen Auffindung industrieller Konzentrationen von Blei-Zinkerzen bei der weiteren Durchführung der Such- und Erkundungsarbeiten einschätzen.

Daher ist für die Bewertung von Blei-Zinkvorkommen bei den Sucharbeiten und der Vorerkundung, wie aus dem Dargelegten hervorgeht, folgendes zu tun:

1. Unter Zugrundelegung großmaßstäblicher geologischer Karten erfolgen spezielle geologisch-strukturelle Aufnahmen im Maßstab 1 : 50000, 1 : 25000, 1 : 10000, 1 : 5000 und sogar noch großmaßstäblicher, um die Einzelheiten der Strukturen, den Charakter der Beziehungen der Gesteine verschiedenen Alters und der lithologischen Zusammensetzung zu klären und den Charakter und das Verhalten der Mineralisation und ihren Zusammenhang mit den Strukturen und Gesteinen zu ermitteln.

2. Dort, wo es erforderlich ist, erfolgt eine Schlichaufnahme, geochemische Aufnahme und eine plumbometrische Aufnahme zur Ermittlung der Dispersionshöfe von Blei und Zink; gleichzeitig werden die Bereiche maximaler Konzentration dieser Metalle für die Ansetzung der Vorerkundungsarbeiten festgelegt;

3. Geophysikalische Arbeiten (Elektrometrie, Gravimetrie, in einzelnen Fällen auch Magnetometrie) werden zur Klärung (Auffindung) von Anomalien innerhalb der Erzfelder angesetzt; zur Überprüfung müssen geo-

logische Such- und Erkundungsarbeiten projektiert werden;

4. Die für eine vorläufige Einschätzung notwendigen Umfänge der oberflächlichen bergmännischen Aufschlüsse (Gräben, Schürfe u. a.) müssen zur Festlegung der Lagerungsverhältnisse der Blei-Zinkmineralisation und der Erzmineralien in der produktiven Schicht, im Gang, in der Linse und in anderen Formen der Erzkörper angesetzt werden, ferner zum Nachweis von Oxydationszonen, Auslaugungszonen, zum Nachweis der Erzsorten usw.;

5. Die notwendigen Umfänge der komplizierteren bergmännischen Erkundungsbaue (Schürfe und Örter, Stollen) und der Bohrarbeiten (nach einem weitmaschigen Netz, nicht auf große Tiefen) müssen zur Charakteristik der Erzmineralisation auf den zu untersuchenden Teufen und auf den Flanken der Lagerstätten zumindest in vorläufiger Form gewährleistet werden;

6. Die Mineralisationen und die Erzkörper müssen sowohl an der Oberfläche als auch in den Untertageaufschlüssen bemustert werden, damit man objektive und repräsentative Proben zur Ermittlung der Qualität der bei den Sucharbeiten gefundenen Blei- und Zinkerze erhält. Bemustert werden darf nicht ein zufälliges Handstück, sondern die zu untersuchende Schicht oder ein anderer Erzkörper unter Berücksichtigung der Erzsorten und des Charakters der Verteilung der Mineralisation in den Erzkörpern. Die Länge der Schlitzprobe und das Netz der Bemusterungsbaue hängen in jedem einzelnen Falle vom Charakter der Verteilung der Erzmineralisation und vom Bau der Erzkörper ab. Bei der Bemusterung und der Vorbereitung der Proben für die chemische Analyse muß sachgemäß der Zerkleinerungsgrad (der K-Koeffizient) ermittelt werden.

Zur Vermeidung möglicher Fehler in der Arbeit des Laboratoriums müssen gleich von Anfang an die inneren und äußeren Kontrollanalysen durchgeführt werden. Nur bei einem derartigen Verfahren gleich zu Beginn der Lagerstättenuntersuchung kann man Fehler vermeiden oder sie zumindest schnell erkennen und korrigieren.

Alle die oben dargelegten Arbeitsformen beim Aufsuchen geben zweifellos dem Erkundungsgeologen das erforderliche Material für die sachgemäße Klärung der geologischen Charakteristik des zu untersuchenden Rayons, und gleichzeitig bestimmen diese Arbeiten ohne besondere Fehler Maßstäbe und Höffigkeit der zu untersuchenden Lagerstätte. Eine richtige Deutung des geologischen Aufbaues der Lagerstätte gibt die Möglichkeit, die Methodik der weiteren geologischen Erkundungsarbeit auf den gefundenen Erzkörpern zu bestimmen.

Die Erfahrungen der geologischen Erkundungsarbeiten in den letzten 20—25 Jahren zeigen, daß die Einschätzung der Lagerstätten in der Anfangsetappe der Untersuchung entscheidende Bedeutung und Einwirkung auf die Projektierung und den Bau von Werken auf der Basis der Vorräte der neuaufgefundenen Lagerstätten besitzt.

Eine unsachgemäße Bewertung der Lagerstätten im Erzvorkommen kann dem Staat wesentlichen Schaden zufügen, besonders im Anfangsstadium bei der Vorerkundung neuer Blei-Zinklagerstätten. Deshalb empfiehlt es sich, die Mineralisation oder die Lagerstätten auf der Grundlage sorgfältig ausgewählter zahlreicher, nicht zufälliger, objektiver geologischer Unterlagen einzuschätzen, denn eine falsche Einschätzung erfolgt in den meisten Fällen deshalb, weil die Folgerungen über den Wert von Lagerstätten eines beliebigen Metalls nicht durch die gewonnenen und in den Händen des Erkundungsgeologen befindlichen geologischen Tatsachenmaterialien bekräftigt werden. Wenn er eine ungenügende Anzahl von Unterlagen besitzt, wendet der Erkundungsgeologe in breitem Umfang die Extrapolation bei der Bestimmung der Ausdehnung der Teufe und der Mächtigkeiten der Erzkörper an, wobei er manchmal die Regel von HOOVER benutzt, die obligatorische Änderung des Metallgehalts pro Meßeinheit und Teufe usw.

Eine metallogenetische Weltkarte[1)]

I. G. MAGAKJAN ist ein bekannter sowjetischer Lagerstättenforscher. Er hält im Leningrader Berginstitut die seit 1957 eingerichtete fakultative Vorlesung „Grundlagen der Metallogenie". Zur Vorbereitung dieser Vorlesung wurden umfangreiche Unterlagen gesammelt und gesichtet und zur Zusammenstellung einer vorläufig für Unterrichtszwecke dienenden metallogenetischen Weltkarte benutzt.

Die von I. G. MAGAKJAN vorgelegte Karte dürfte der erste Versuch einer graphischen Verallgemeinerung der Metallogenie der Welt sein, daher sind die für die Zusammenstellung dieser Karte angewandten Prinzipien und Methoden von bestimmtem Interesse für alle Geologen.

Die Hauptaufgabe der metallogenetischen Weltkarte besteht darin, den allgemeinen Charakter der Mineralisation und die Gesetzmäßigkeiten, welche die Verteilung der metallischen Rohstoffe verschiedener genetischer Typen regieren, in Zusammenhang mit dem regionalen geologischen Aufbau wiederzugeben. Unabhängig davon, welche Details man bringen will (das hängt vom Maßstab der Karte ab), soll selbst die kleinmaßstäblichste Karte genau und leicht erkennbar die spezifischen Züge zeigen, welche in metallogenetischer Hinsicht die wichtigsten Strukturen der Erdkruste charakterisieren.

Dieses Prinzip bedingt natürlich, daß die Darstellung der Metallogenie auf großtektonischer Grundlage erfolgt. Als größte Einheiten werden Schilde (Tafeln) und bewegliche Faltenzonen ausgeschieden.

Innerhalb der Schilde erfolgt dann eine weitergehende Untergliederung in Bereiche mit präkambrischem Sockel und in Bereiche (Tafeln), die von jüngeren Sedimenten, Effusivdecken oder von Eis bedeckt sind. Die beweglichen Faltenzonen werden nach den Orogenesen gegliedert, die in ihnen zu beobachten sind (kaledonisch, varistisch, kimmerisch und alpidisch). Überprägungen alter Strukturen werden durch eine entsprechende Signatur berücksichtigt.

I. G. MAGAKJAN gliedert die wichtigsten Metalllagerstätten nach „Formationen", worunter er Mineralassoziationen versteht, die unter bestimmten geologischen Verhältnissen entstanden sind. Von den nicht-

[1)] Referiert nach I. G. MAGAKJAN: „Berichte der Akademie der Wissenschaften der Armenischen SSR" (russ.), XXVI, Nr. 3, 1958.

Erklärung zur metallogenetischen Weltkarte

(zusammengestellt von I. G. MAGAKJAN, ausgeführt von K. G. SCHACHMURADOW)

Tektonische Grundlage nach Unterlagen von A. D. ARCHANGELSKIJ, W. W. BELOUSSOW, J. A. KOSSYGIN, A. N. MASAROWITSCH, N. S. SCHATSKIJ

Tektonische Strukturen

I – Präkambrischer Sockel der Schilde und Tafeln; II – Präkambrische Bereiche der Schilde und Tafeln, die von jüngeren Sedimenten, Effusivdecken oder von Eis überlagert werden; III – Gebiete, in denen eine kaledonische Faltung sowie Brüche, Magmatismus und Vererzung kaledonischen Alters auftreten; IV – Gebiete, in denen eine varistische Faltung sowie Brüche, Magmatismus und Vererzung varistischen Alters auftreten; V – Gebiete, in denen eine kimmerische Faltung sowie Brüche, Magmatismus und Vererzung kimmerischen Alters auftreten; VI – Gebiete, in denen eine alpidische Faltung sowie Brüche, Magmatismus und Vererzung alpidischen Alters auftreten; VII – Gebiete mit varistischer, z. T. kaledonischer Faltung, die von mächtigen Quartärablagerungen bedeckt sind

Wichtigste Lagerstättentypen

A. **Magmatische Lagerstätten im eigentlichen Sinne:** 1 – Chromitlagerstätten; 2 – Platinlagerstätten vom Typ des Urals; 3 – Titanomagnetitlagerstätten; 4 – Apatit-Magnetit- und Apatitlagerstätten; 5 – Lagerstätten sulfidischer Kupfer-Nickel-Erze
B. **Pegmatitische Lagerstätten:** 6 – Pegmatite mit Muskovit, Phlogopit und seltenen Metallen (Ta, Nb, Be, Li, U, Th u. a.)
C. **Skarnlagerstätten** (kontaktmetasomatische Lagerstätten): 7 – Eisenerzskarne; 8 – Skarne mit seltenen Metallen (W-Mo)
D. **Hydrothermale Lagerstätten:** 9 – Lagerstätten von Quarz-Sn-W-Mo- und Sulfiden-Sn (einzelne Lagerstätten und Gürtel); 10 – Kupfer-Molybdän- und Molybdänlagerstätten (einzelne Lagerstätten und Gürtel); 11 – Polymetallische Lagerstätten; 12 – Antimon-Quecksilberlagerstätten; 13 – Uranlagerstätten (Co-Cu-U-, Co-Ni-Bi-Ag-U, Cu-U, U-Hämatit, U-Polymetalle u. a.); 14 – Kupfer- und polymetallische Kieslagerstätten (einzelne Lagerstätten und Gürtel); 15 – Quarz-Golderz und Gold-Sulfidlagerstätten; 16 – Gold-Silberlagerstätten (einzelne Lagerstätten und Gürtel); 17 – Kupfersandsteine vom Typ Katanga-Dsheskasgan (telethermal oder sedimentär?)
E. **Sedimentäre Lagerstätten:** 18 – Eisenlagerstätten; 19 – Manganlagerstätten; 20 – Aluminiumlagerstätten (Bauxitlagerstätten)
F. **Metamorphe Lagerstätten:** 21 – Eisenlagerstätten; 22 –Manganlagerstätten; 23 – goldführende und uranführende Konglomerate
G. **Verwitterungslagerstätten:** 24 – Eisenlaterite; 25 – Tonerdelaterite; 26 – Silikatische Nickelerze
H. 27 – **Diamantlagerstätten** (primäre und Seifenlagerstätten)

Tabelle 1

Metallogenie der Faltenzonen

Tektonisch-magmatische Komplexe	Lagerstättentypen	Beispiele von Erzbezirken und Lagerstätten
1. Frühstadium Vulkanogene Schichten, subvulkanische Intrusionen von Porphyren und Albitophyren	Kieslagerstätten von Cu und polymetallischen Erzen (häufig mit Schwerspat)	Ostabdachung des Urals, Altai, Guelva, Besshi, Boudwin, Alaverdi, Bor, Kosaka
Gabbro-Peridotite (präorogener Komplex)	Pt-Lagerstätten (mit Os, Ir, Cr)	Nishni Tagil
Dunite und Peridotite	Chromitlagerstätten	Sarana, Kempirsai, Dagardi, Lagerstätten des Balkans und Japans
Gabbros, Pyroxenite, Anorthosite	Titanomagnetit- und Rutillagerstätten	Kussinskoje, Katschkanar, Oabaka
2. Mittelstadium Mäßig saure Granite	a) Skarnlagerstätten von Fe, Cu, W (Scheelit), Mo, Pb und Zn	Magnetberg, Berg Wyssokaja, Berg Blagodatj, Kustanai (Fe), Turjinsker Gruben (Cu), Weststaaten der USA (W), Tyrnyaus (Mo), Karamasar (Pb u. Zn).
	b) Kupfer- und Kupfer-Molybdänlagerstätten	Kounrad, Kadsharan, Bingham, Climax
	c) Polymetallische Lagerstätten	Karagaily, Axoran, Sullivan, Lagerstätten Mexikos, der Weststaaten der USA und des Balkans
	d) Gold-Sulfid-Lagerstätten	Stepnjak, Kusnezker Alatau, Kotschkarj, Berjosowsk, Mother Lode, Bendigo.
	e) Antimon- und Quecksilberlagerstätten	Lagerstätten in Spanien, Italien, auf dem Balkan, in Algier, den Weststaaten der USA und in Mexiko.
	f) Uranlagerstätten (Cu – U, Pb – Zu – U, Au – U u. a.)	Joplin, Chihuahua
	g) Co – Ni-Lagerstätten	Howadisy, Skutterud und Snarum.
3. Spätstadium Saure, z. T. mäßig saure Granite	a) Pegmatite mit seltenen Metallen	Kalba, Transbaikalien, NO der UdSSR, Südostasien.
	b) Quarzgänge und Greisen mit Sn-, W- und Mo-Vererzung	Zentralkasachstan, Transbaikalien, NO der UdSSR, Südostasien.
	c) Sulfid-Zinnsteinlagerstätten	NO der UdSSR, Bolivien
	d) Gold-Sulfidlagerstätten	Darassun, NO der UdSSR
	e) Polymetallische Lagerstätten	Osttransbaikalien, Mittelasien, Südostasien
	f) Antimon- und Quecksilberlagerstätten	Kadamdshai, Chaidarkan, Lagerstätten Südostchinas, Bolivien
	g) Uranlagerstätten	Cornwall, Guarda, Erzgebirge, Zentralplateau in Frankreich
4. Endstadium Kleinere postorogene Granitintrusionen	a) Au – Ag und Ag-Lagerstätten	Balei, Belaja gora, Karpaten, Weststaaten der USA, Mexiko, Indonesien, Chile, Peru
	b) Sb – Hg-Lagerstätten	Toscana, Kaukasus, z. T. Lagerstätten in den Weststaaten der USA
	c) Lagerstätten von Sb – W und As	Kaukasus, Weststaaten der USA, Peru
	d) Uranlagerstätten	Marisvale, Urgerika, Krusil

Tabelle 2

Metallogenie der Schilde

Sedimentäre und tektonisch-magmatische Komplexe	Lagerstättentypen	Beispiele von Erzbezirken und Lagerstätten
Effusiv-sedimentäre metamorphisierte Schichten des Archaikums und Proterozoikums	Metamorphe Fe- und Mn-Lagerstätten	Kriwoj Rog, Kursker Magnetische Anomalie, Singhbhum, Lake Superior, Itabira (Fe); Postmasburg, Nagpur, Nstutas, Morro da Minas (Mn)
Metamorphisierte archaische und proterozoische Konglomerate	Metamorphe Au-und U-Lagerstätten	Witwatersrand, Blind-River, Ghana
Vulkanogene proterozoische Schichten	Kieslagerstätten von Cu, Pb – Zn und As	Parandowo, Outukumpu, Boliden, Flin-Flon, Sherrit-Cordon
Granite, während der Konsolidierung des Schildes in einigen Phasen eingedrungen (Alter archaisch-oberproterozoisch)	a) Seltene Metalle und Glimmer führende Pegmatite	Fennoskandinavien, Aldan, Nigerien, NO Brasiliens, Kanada, Indien, Westaustralien
	b) Skarnlagerstätten von Fe, Cu, W, Sn u. a.	Arendal (Fe), Franklin-Furnace (Zn), Jerome (Cu), Issio (W), Pitkäranta (Sn)
	c) Goldquarzgänge	Sowjetski rudnik, Kolar, Homestake, Porcupine, Morro Velho
	d) Quarzgänge mit Sn-, W- und Mo-Vererzung	Knaben, Marasvaara (Mo), Lagerstätten Nigeriens, Belgisch-Kongos (Sn), Kanadas (W)
	e) Uranlagerstätten	Großer Bärensee, Gunnar, Katanga, Rum Jungle, Mount Isa
	f) Telethermale(?) Cu – Co-Lagerstätten	Katanga, Nordrhodesien
Basische und ultrabasische Intrusionen, z. T. längs Brüchen auf Tafeln	a) Chromitlagerstätten	Bushveld, Selukwe
	b) Titanomagnetitlagerstätten	Belimäki, Taberg, Liganga, Adirondacks, Lac Tio
	c) Kupfer-Nickel-Lagerstätten (mit Pt und Pd)	Montschegorsk, Norilsk, Sudburg, Rustenburg
	d) Co – Ni – Ag-Gänge	Cobalt, South Lorren
	e) Cu-Imprägnationen in Zeolithen	Michigan
Alkalische (bis ultrabasische Varietäten) und granitische Gesteine, z. T. längs Brüchen auf Tafeln	a) Magnetit-Apatit- und Apatitlagerstätten	Kiruna, Gellivara, Chibinen-Tundra
	b) Loparitlagerstätten	Lowosero
	c) Karbonatitlagerstätten	Lagerstätten Fennoskandinaviens, Afrikas, der Sibirischen Tafel
	d) Pb- Zn-, Au-, Hg und U-Lagerstätten	Mpanda, Tsumeb, Tri-State, SO-Missouri (Pb und Zn), Aldan, Arabien, Madagaskar (Au), Nikitowka (Hg), Utah und Colorado (U)
	e) Diamantlagerstätten	Lagerstätten der Jakutischen SSR, Afrikas und Indiens

metallischen Rohstoffen werden nur Diamant- und Glimmerlagerstätten angegeben. Auf detaillierteren Karten können dann auch andere Arten nichtmetallischer Rohstoffe endogener Entstehung dargestellt werden (Asbest, Schwerspat, Flußspat u. a.).

Die Lagerstätten werden nach den bekannten genetischen Typen gruppiert (magmatische, pegmatitische, Skarn-, hydrothermale, sedimentäre, metamorphe und Verwitterungslagerstätten).

Nach Durcharbeitung des für die Herstellung der Karte erforderlichen Materials ergab sich die Möglichkeit, die Grundzüge der Metallogenie der Schilde (Tafeln) und der Faltenzonen zu verallgemeinern. Die diesem Aufsatz entnommene Tabelle 2 zeigt schematisch die Entwicklung der Metallogenie der Schilde (Tafeln).

Spezifisch für die Schilde sind die metamorphen Fe-, Mn-, Au- und U-Lagerstätten, ferner die sulfidischen Cu-Ni-Lagerstätten; im Vergleich zu den Faltenzonen dominieren in den Schilden auch die seltene Elemente enthaltenden pegmatitischen Lagerstätten, schließlich die Uran-, Gold-, Diamant-, Loparit- und Karbonatitlagerstätten (die letzteren enthalten Niob und Seltene Erden). Von den Schilden (Tafeln) stammen über 60% der Weltförderung an Eisen, etwa 75% der Weltförderung an Gold und Platin, 90% der Uran-, Nickel- und Kobaltproduktion und fast die gesamte Weltförderung an Thorium, Tantal, Niob, Beryllium, Lithium, Titan, Glimmer, Apatit und Diamanten.

Für die Metallogenie der Schilde und Tafeln sind daher folgende Elemente (und Mineralien) charakteristisch: Fe, Au, Pt, Pd, U, Ni, Co, Th, Ta, Nb, Be, Li, Ti, Glimmer, Apatit, Diamanten; geringere Bedeutung besitzen Mn, Cr, Cu, Sn, W, Mo, Pb, Zn.

In der metallogenetischen Entwicklung der Faltenzonen unterscheidet I. G. MAGAKJAN 4 Etappen (Tabelle 1). Die vollständige Entwicklung einer Faltenzone und ihre Metallogenie ist praktisch aber kaum vollständig ausgeprägt. Es zeichnen sich deutlich zwei verschiedene Typen metallogenetischer Provinzen ab:

a) Provinzen, in denen das Früh- und das Mittelstadium (bisweilen auch das Endstadium) deutlich ausgeprägt ist. Dazu gehören paläozoische (varistische, z. T. kaledonische) Provinzen — Ural, Salair, Altai, ein Teil von Zentral- und Nordostkasachstan und Mittelasien, Kusnezker Alatau, Tuwa, Südwestchina, Südostaustralien, Norwegen; ferner kimmerische Provinzen — Nordkaukasus und Transkaukasien, Balkan, z. T. Japan, Alaska, Britisch-Kolumbien und die Weststaaten der USA; schließlich alpidische Provinzen — die gesamte alpidische mediterrane Faltenzone und fast die gesamte pazifische alpidische Faltenzone (ohne die Tschuktschen-Halbinsel, Sichote-Alin, Bolivien und Nordargentinien);

b) Provinzen, in denen das Spätstadium (selten auch das Endstadium) stark überwiegt. Dazu gehören paläozoische (varistische) Provinzen — ein Teil von Zentralkasachstan, Kalba — Narym, Westeuropa, Mongolische Volksrepublik, Nordwestchina, Queensland, Argentinien; ferner kimmerische Provinzen — Transbaikalien, der Nordosten der UdSSR; Südostasien, z. T. Korea, schwach ausgeprägt in Mexiko und Alaska; schließlich alpidische Provinzen — Tschuktschen-Halbinsel, Sichote-Alin, Bolivien, Nordargentinien.

Zum Schluß der Arbeit stellt I. G. MAGAKJAN die Faktoren zusammen, die den Charakter der Metallogenie einer Region kontrollieren. Er gliedert sie in Faktoren erster und zweiter Ordnung.

Als Faktoren erster Ordnung werden aufgeführt:

1. Lage der Region innerhalb der großen Strukturen der Kruste;
2. Auftreten bestimmter Entwicklungsstadien (tektonisch-magmatischer Komplex);
3. Richtung der metallogenetischen Entwicklung mit räumlicher Trennung oder mit Auftreten überprägender Stadien.

Als Faktoren zweiter Ordnung gelten:

1. Tiefenlage der intrudierenden erzführenden Komplexe (dementsprechend Tiefe der Lagerstätten);
2. Tiefe des Erosionsanschnittes (nur innerhalb eines Stadiums oder erzführenden Komplexes, d. h. der Lagerstättenserie);
3. Lithologisch-stratigraphische Verhältnisse der Nebengesteine (Lagerstättentypen);
4. Alter von Struktur und Magmatismus (im wesentlichen quantitative Unterschiede).

Referiert von W. OESTREICH

Über Erscheinungen der Oxydationszone im Bereich der Schwefelkiesgrube „Einheit" bei Elbingerode/Harz

(Kurze Mitteilung)

H. SCHEFFLER, Wernigerode

Die Grube „Einheit" baut auf dem einzigen großräumigen Pyritvorkommen der DDR. Dieses Vorkommen ist metasomatisch in einem Keratophyr angelegt.

In den oberen Teilen der Grube hat sich eine Oxydationszone ausgebildet, die sich in der Hauptsache aus verschiedensten Eisenhydroxyden zusammensetzt. Im Laufe des Verwitterungsprozesses wird in großen Mengen Sauerstoff verbraucht. Das entstehende Eisenhydroxyd wird meist am gleichen Ort fixiert. Die Grubenwässer reichern sich aber mit den gebildeten SO_4^{--}-Ionen an und zersetzen den noch frischen Keratophyr. Örtlich können die Wässer auch mit dem hangenden Kalk reagieren, wobei es zur Bildung von Kohlendioxyd CO_2 und Gips $CaSO_4 \cdot 2H_2O$ kommen kann. Der Gips schlägt sich in Form von Fasergips vor allem in alten Abbauen ab.

Im Rahmen des geologischen Erkundungsprogrammes wurde auf der 77 m-Sohle eine Strecke getrieben, die ein altes, markscheiderisch nicht genau bekanntes Streckensystem erschließen sollte. Sie fuhr „Alten Mann" an, es ging also früher in der Oxydationszone bereits Bergbau (auf Eisen) um. Weiter südlich wurde dann die Oxydationszone mit Brauneisen und Pyritknauern durchörtert. Die Temperatur in diesem Teil der Strecke betrug 27° C, bedingt durch die gegenwärtig noch ablaufenden exothermen Oxydationsvorgänge.

Da der Verdacht bestand, daß das alte Streckensystem höher als erwartet lag, wurden einige Bohrlöcher in der Firste angebracht. Eines der Löcher erschloß auch die gesuchte Strecke. Aus diesem Loch strömten dann sofort warme, matte Wetter. Ihre Zusammensetzung wird in folgender Tabelle gegeben.

Probeort	Datum	N_2	O_2	CO_2	CO	%
Firste	21. 10. 57	87,1	11,3	1,4	0,2	
Sohle	21. 10. 57	80,4	18,4	1,1	0,1	
15 m entfernt	21. 10. 57	79,0	20,7	0,3	—	
Firste	17. 10. 57	88,3	10,4	1,1	0,2	
	21. 10. 58	79,2	20,4	0,4	—	
Firste	5. 2. 58	90,35	8,5	1,1	Sp.	

In der Nähe dieses geologischen Reviers wurde von einem Abbau ein Überhaun getrieben, das ebenfalls die Oxydationszone angefahren hat. Die aus ihr an dieser Stelle diffundierenden Wetter zeigten hier folgende Zusammensetzung:

Datum	N_2	O_2	CO_2	CO	%
21. 1. 58	80,3	19,2	0,5	Sp.	
5. 2. 58	79,8	19,9	0,3	—	

Die Auswertung der Analysen aus den aufgeführten Meßstellen läßt folgende Schlußfolgerungen zu:

1. Durch den O_2-Entzug im Verlauf der Oxydation findet eine relative N_2-Anreicherung statt.

2. Die Reaktion der SO_4^{--}-Ionen mit dem Kalk läßt den CO_2-Gehalt der Wetter ansteigen.

3. Der verhältnismäßig hohe CO-Gehalt ist vermutlich auf die unvollständige Verbrennung des im „Alten Mann" befindlichen Grubenholzes zurückzuführen. Vielleicht kann auch die Tätigkeit von Mikroorganismen dafür verantwortlich gemacht werden. Eine weitere Erklärung wäre, daß das Kohlenmonoxyd aus der in der Nähe liegenden Untertageschmiede stammt. Dann ist aber der festgestellte, teilweise beträchtlich hohe CO-Gehalt abgeworfener Abbaue nicht verständlich.

Nach Abwurf der oben beschriebenen geologischen Strecke bildeten sich in dieser als Verwitterungsprodukt Stalaktiten und Stalakmiten von grünem Eisensulfat $FeSO_4 \cdot 7\,H_2O$. Die meisten dieser Gebilde überzogen sich aber sehr schnell an der Oberfläche mit einer weißen Dehydratrinde und schließlich sogar mit einer braunen Kruste von Fe^{+++}-Verbindungen. Dieser oxydative Prozeß verläuft allerdings nur unter der Bedingung, daß keine Zufuhr frischer und vor allem kühler Wetter erfolgt.

Die Gewinnung der Naturgase[1)]

J. I. BOKSERMAN, Moskau

Nach der Erkundung einer neuen Erdgaslagerstätte beginnt ihre Exploitation. Zu diesem Zweck ist jedoch vor allem der geologische Bau der Lagerstätte eingehend zu studieren.

Die Gaslagerstätten können „einschichtig" (nur ein Lager) enthaltend und „vielschichtig" sein, wenn mehrere übereinanderliegende Lager vorhanden sind. Die Gaslager befinden sich in den höchsten Teilen der porösen Gesteine (Speicher), unter dem Gas befinden sich Erdöl und Wasser. Die detaillierteste Klassifikation der Öl- und Gaslager und der Fallentypen, an die sie gebunden sind, gaben I. M. GUBKIN (1928) und später (1944) I. O. BROD. Die einfachste und verbreitetste Art eines Gaslagers ist eine Antiklinale, in welcher sich das Gas unter ähnlichen Bedingungen befindet wie bei seiner Speicherung im Gasometer (Wasser und tonige Schichten, die die poröse Schicht überdecken, verhindern das Ausströmen des Gases).

Bei der praktischen Exploitation der Gaslagerstätten kennt man sowohl das Gasregime, wenn der Druck des Gases selbst die einzige Bewegungsenergie des Gases in der Schicht ist, als auch das Wasserdruckregime, bei dem das Randwasser während der Exploitation des Gaslagers in dieses eintritt und damit den Druck des Gases aufrechterhält.

Bis vor kurzer Zeit wurden Gaslagerstätten nach den Prinzipien abgebohrt, wie sie für Erdöllagerstätten gelten. Diese Prinzipien setzten das Auftreten eines bestimmten Aktionsradius der Gasbohrungen voraus. Sie sahen vor, das Gasfeld bei beschränkter Gasentnahme netzartig mit Abständen von 500 m—1,5 km zwischen den Bohrungen abzubohren. Gewöhnlich nahm man an, daß die Arbeitsförderleistung einer Bohrung nicht über 20% der freien Förderleistung hinausgehen darf.

[1)] Aus dem Buch: „Die Naturgase und ihre Nutzung" (russ.), Moskau 1958, S. 23—29.

Auf der Grundlage der von sowjetischen Gelehrten und Spezialisten durchgeführten bedeutenden wissenschaftlichen Forschungsarbeiten und auf der Basis einer Anzahl experimenteller Untersuchungen auf den Lagerstätten wurde ermittelt, daß die früheren Prinzipien, von denen man sich bei der Exploitation der Gaslagerstätten leiten ließ, nicht rationell und nicht wissenschaftlich begründet sind. Untersuchungen zu diesem Problem wurden vom Wissenschaftlichen Forschungsinstitut für Erdgas der UdSSR (WNIIGAS) und dem Moskauer Erdölinstitut „I. M. GUBKIN" in Zusammenarbeit mit den Mitarbeitern der Gasgewinnungsbetriebe der Hauptverwaltung für Gasindustrie durchgeführt. (A. L. KOSLOW & E. M. MINSKIJ 1953, L. S. LEIBENSON 1945, B. B. LAPUK 1948, I. A. TSCHARNY 1950, W. N. SCHTSCHELKATSCHOW 1945).

Bei der Untersuchung der Methoden für die Exploitation von Gaslagerstätten müssen deren spezifische Züge berücksichtigt werden, die in folgendem bestehen:

1. Auf den Gaslagerstätten gibt es im Gegensatz zu den Erdöllagerstätten keine Möglichkeit, an der Oberfläche große Mengen des geförderten Gases zu speichern. Folglich muß die Fördermenge aus den verschiedenen Lagerstätten dem Verbrauch in der gegebenen Zeit angepaßt werden.

Diese Gasmenge ist bei der maximalen Inanspruchnahme im Winter sehr groß und sinkt im Sommer stark ab (auf $^1/_4$—$^1/_5$), da der Gasverbrauch, besonders durch die Haushalte, stark zurückgeht.

Um diese Extremwerte im Gasverbrauch soweit wie möglich auszugleichen, verfährt man gewöhnlich so, daß man sogenannte Pufferverbraucher einbezieht (Kraftwerke, Industriebetriebe), die nur im Sommer mit Gas arbeiten.

2. Auf den Gaslagerstätten ist gewöhnlich ein sehr hoher Gasdruck vorhanden, der gegenwärtig nur für den

Transport des Gases durch die Rohrleitungen ausgenutzt wird. Von derartigen Lagerstätten wird das Gas über größere Entfernungen (200—300 km) ohne Kompressorenstationen transportiert, wobei der Eigendruck des Gases in den Sonden, genauer genommen in den Schichten, ausgenutzt wird.

Bei der Untersuchung der Frage der rationellen Ausbeutung von Gaslagerstätten muß man die Möglichkeit im Auge behalten, die Energie des Gasdrucks der Sonden zu nutzen.

3. Eine rationelle Ausbeutung der Gaslagerstätten erfordert die Lieferung der notwendigen Gasmenge aus der Lagerstätte an den Verbraucher bei minimalem Aufwand und minimalen Verlusten (Verluste an Gasenergie, Gasverluste in den Schichten infolge deren Inhomogenität, infolge des Auftretens einzelner isolierter Bereiche, ungleichmäßigen Wasserzutritts und schließlich Verluste, die mit einer unbefriedigenden Abdichtung der Bohrungen und der Förderausrüstung zusammenhängen).

Die Grundlage für die Ausnutzung der Gaslagerstätten bilden die eingehende Untersuchung ihres geologischen Baues, der Charakter der Gasnutzung durch die Verbraucher, die modernen Erkenntnisse der Lagerstätten- und Förderdynamik, d. h. der Wissenschaft von der Bewegung des Gases im porösen Medium und in den Rohrtouren der Bohrungen, ferner Daten über das System des Abbohrens einer Lagerstätte, die ökonomischen Kennziffern ihrer Ausbeutung u. a.

In der UdSSR liegen bereits Erfahrungen für die Ausbeutung einer Reihe von Gaslagerstätten vor. Für diese Lagerstätten wurden vorher Berechnungen der Gasdynamik durchgeführt, die den tatsächlichen Verhältnissen nahezu entsprachen.

Bis in die letzte Zeit hinein waren viele Geologen der Meinung, daß gasdynamische Berechnungen die Gasbewegung in den gasführenden Horizonten nicht charakterisieren könnten, da diese Horizonte in den meisten Fällen voneinander getrennte Komplexe sandiger Körper darstellten. In einer Reihe von Fällen liegen in den Lagerstätten isolierte gasführende Linsen und Zonen vor. Die bei der Erkundung und der Gewinnung vieler Lagerstätten gemachten Erfahrungen haben jedoch bestätigt, daß die großen Lagerstätten am häufigsten an poröse gasführende Schichten gebunden sind, die eine erhebliche Flächenausdehnung besitzen.

Wenn isolierte Lager auftreten, müssen für jedes Lager entsprechende gasdynamische Berechnungen aufgestellt werden.

Wichtig ist der Hinweis, daß die unterirdische Hydrogasdynamik die Möglichkeit gibt, die Bewegung des Gases und Wassers bei ihrer Gewinnung vorher zu berechnen. In einigen Fällen erfolgt entsprechend der Gasentnahme die Bewegung des Gases von den randlichen Teilen des Gaslagers zu den Bohrlochwandungen hin. Dadurch sinkt der Schichtdruck im Gaslager. Dieser letzte Umstand ruft seinerseits einen Druckabfall im wasserführenden Teil der Schicht hervor, und dies führt zum Vordringen des Wassers in das Gaslager (beim Wasserdruckregime).

Diese in den Schichten vor sich gehende Bewegung des Gases und Wassers kann vorher berechnet werden. Das Aufdringen des Liegendwassers und der Druckabfall im Lager beim Wasserdruckregime wurden von dem sowjetischen Gelehrten I. A. TSCHARNY behandelt, und die von ihm entwickelte Berechnungsmethode wird in der Praxis angewandt.

Wir haben oben bereits darauf hingewiesen, daß bis zur Gegenwart eine Beschränkung der Arbeitsförderrate der Gasbohrungen stattfand. Die Daten aus der Praxis der Gewinnung von Gaslagerstätten unterstreichen die Notwendigkeit, dieses Problem anders anzupacken, d. h. eine Bohrlochsohle richtiger Konstruktion zu verwenden, in der ein minimaler Widerstand der bohrlochsohlennahen Zone vorliegt und infolgedessen die größten Förderraten der Bohrungen gegeben sind.

Die Arbeitsförderrate der Gasbohrungen wird so gewählt, daß bei der Ausbeutung die Bohrlochwand nicht einstürzt oder die Bohrung vorzeitig verwässert wird. Wichtige Bedeutung besitzt auch die Auswahl der richtigen Bohrlochkonstruktion, die den Durchlaß einer maximal möglichen Förderrate der Bohrung zu Beginn der Gewinnung gewährleistet, wenn der Druck schnell fällt. Danach wird die Anzahl der Bohrungen bestimmt, die für die Ausbeutung dieser oder jener Lagerstätte erforderlich ist.

Die Grundprinzipien für die Ausbeutung von Gaslagerstätten sind folgende:

1. Projektierung der rationellen Erschließung von Gaslagerstätten auf der Basis komplexer geologischer, gashydrodynamischer und gewinnungstechnischer Untersuchungen der Lagerstätte oder Lagerstättengruppe, wobei diese Untersuchungen durch eine technisch-ökonomische Analyse ergänzt werden. Die Projektierung muß unter dem Aspekt durchgeführt werden, daß Schicht—Bohrung—Gasleitung—Verbraucher ein einheitliches System bilden.

2. Die Gasgewinnung muß bei einer minimalen Anzahl von Fördersonden und bei rationeller Entnahme des Gases aus der Schicht vorgenommen werden.

Die Praxis hat gezeigt, daß in den meisten Fällen kein bestimmter Wirkungsradius der Bohrungen in den Gaslagerstätten vorliegt. Theoretisch und praktisch wurde bewiesen, daß der durch die Ausbeutung jeder Sonde hervorgerufene Druckabfall sich über die ganze Fläche des Gaslagers ausbreitet. Entsprechend diesen Berechnungen kann man heute die optimale Zahl der Exploitationsbohrungen und ihre Anordnung bestimmen. Außerdem zeigten die Berechnungen, daß man in vielen Fällen die Exploitationsbohrungen nicht nach einem Netz, sondern batterieartig im scheitelnahen Teil oder auf der Achsenlinie der Lagerstätte anordnen kann, wodurch die Kommunikation bedeutend verkürzt wird.

3. Die Arbeitsprojekte für die Erschließung der Gaslagerstätten werden für die ersten 8—10 Jahre ausgearbeitet, mit der Maßgabe, daß sie nach Ablauf dieser Frist unter Berücksichtigung der bei der Exploitation der Lagerstätten erhaltenen Daten korrigiert werden.

4. Wahl einer Konstruktion der Gasbohrungen, welche die Erzielung einer maximalen Arbeitsförderrate bei minimalen Druckverlusten in der Schicht und innerhalb des Bohrloches gewährleistet.

Vor den weiteren Untersuchungen auf diesem Gebiet steht die Aufgabe, die gashydrodynamischen Berechnungen für eine rationelle Ausbeutung einer Gruppe von Lagerstätten oder einzelner Lagerstätten zu vervollkommnen. Das rationelle Gewinnungssystem muß die Lagerstätten am effektivsten ausnutzen und muß die Versorgung der Verbraucher mit Gas bei minimalen Aufwendungen am vollkommensten gewährleisten.

Für die rationelle Ausnutzung der Gaslagerstätten besitzt die Anwendung der neuen Technik der Exploitation von Gasbohrungen erstrangige Bedeutung.

Das WNIIGAS arbeitete eine neue Methode zur Perforation von Öl- und Gasbohrungen unter Druck aus. Diese Methode gibt die Möglichkeit, die Bohrungen im Medium des Schichtgases mit Flüssigkeit ohne Ausfüllung mit Schwerespülung zu perforieren. Bei dem neuen Verfahren wird die Möglichkeit einer optimalen Perforation der Bohrungen erreicht, die im Gasmedium ohne den schädlichen Einfluß verläuft, den die „Vertonung" der bohrlochsohlennahen Zone der Schicht auf den Gaszustrom ausübt.

Die neue Methode wurde auf den Lagerstätten der Vereinigung Ukrgas und des Trusts Stawropolgas überprüft und eingeführt, wobei in allen Fällen der Versuche die Förderrate der Bohrungen erheblich zunahm.

Eine verstärkte Anwendung verdient auch die Methode der Exploitation von zwei Gashorizonten in einer Bohrung, wobei ein Packer verwendet wird. Der Packer wird in die Futterrohrtour gesetzt, er trennt die Horizonte voneinander ab, die in dieser Bohrung exploitiert werden. Das Gas aus dem unteren exploitierten Horizont kommt durch die Steigrohrtour an die Tagesoberfläche und Gas aus dem oberen Horizont steigt im Ringraum zwischen Futterrohr- und Steigrohrtour an die Oberfläche.

Bei getrennter Exploitation von zwei Horizonten in einer Bohrung müssen die Horizonte voneinander durch ein Paket gasundurchlässiger Gesteine genügender Mächtigkeit mit einem Druckunterschied von etwa 8—10 atü getrennt sein.

Die vom Trust Saratowgas eingeführte Methode der gleichzeitigen Exploitation von zwei und mehr Gasschichten erzielte einen erheblichen wirtschaftlichen Effekt. Mit Hilfe dieser Methode wurde das erste und das vierte Schichtpaket des Werej-Horizontes auf der Lagerstätte Jelschano-Kurdjum ohne Niederbringung neuer Bohrungen erkundet, und das Gas aus diesen beiden Schichtpaketen wird danach gewonnen, wodurch 12000 m Bohrungen und damit über 6 Mio Rubel eingespart wurden.

Außerdem wurde die getrennte Exploitation des vierten Schichtpaketes des Werej-Horizontes, dessen Gas keinen Schwefelwasserstoff enthält, und des darunterliegenden Horizontes, dessen Gas Schwefelwasserstoff enthält, realisiert.

In dem gleichen Trust Saratowgas werden Ejektoranlagen zur Exploitation der Sonden verwendet, was die Möglichkeit gibt, Gas aus einer Bohrung mit niedrigem Druck in einen Sammelkollektor mit höherem Gasdruck ohne Verwendung von Kompressoren zu leiten, wobei man dazu die Energie des höhergespannten Gases ausnutzt.

Die Ejektoranlagen können in der Gasindustrie auf Gasöllagerstätten zum Transport des Erdölgases verwendet werden, wobei der überschüssige Druck des Erdgases ausgenutzt wird.

Auf Erdöllagerstätten, in denen neben der Pumpenförderung auch eruptiv gefördert wird, benutzt man zur Erhöhung des Gasdruckes bei der Pumpenförderung des Öls den erhöhten Gasdruck bei der eruptiven Förderung des Öls.

Auf Gaslagerstätten, in denen Lager mit verschiedenem Schichtdruck ausgebeutet werden, benutzt man für den Transport eines Gases mit niedrigem Druck zum Verbraucher die Energie eines hochgespannten Gases.

In der städtischen Gaswirtschaft wird zur Entleerung der Gasometer bis zu einem Druck, der geringer ist als der Druck der Gasleitung, in die das Gas aus den Gasometern gegeben wird, die Energie des Gases mit hohem Druck aus der nahegelegenen Hauptgasleitung verwendet.

Zum Abschluß dieses Kapitels sind noch einige Bemerkungen über die Ausrüstung der Sonden und die Sammlung des Gases auf den Feldern zu machen.

Wenn die Gasbohrung niedergebracht und mit der Exploitationsrohrtour versehen ist, werden an der Bohrlochrandung mehrere Schieber angebracht, welche die Bohrung ein- und abschalten und die Lieferung von Gas in die Rohrleitungen regulieren. Aus der Bohrung tritt das Gas über eine Rohrleitung in Spezialseparatoren ein, deren Aufgabe darin besteht, das Gas von mechanischen Beimengungen und von Wasser zu reinigen. Außerdem werden auf den Bohrungen Meßpunkte angelegt, in denen die Menge des geförderten Gases kontrolliert wird.

Nach Passieren der Separatoren und der Meßpunkte gelangt das Gas durch eigenen Druck in den Gassammelring der Anlage. Das bei uns übliche System des Gassammelns durch Errichtung eines Gassammelrings auf den Lagerstätten besitzt den Vorteil, daß beim Ausfallen eines Teiles dieses Ringes der größere Teil der Bohrungen weiter produzieren und die Gasversorgung der Verbraucher gewährleisten kann.

Aus dem Gassammelring gelangt das Gas in die Kompressorstationen der Gashauptleitung zur Weiterleitung an die Verbraucher, die sich oft Hunderte und Tausende von Kilometern von den Gaslagerstätten entfernt befinden.

Besonders große Bedeutung besitzt die Einführung der Automatisierung und Fernsteuerung auf den Lagerstätten.

Das Institut für Gasverwertung der Akademie der Wissenschaften der Ukrainischen SSR arbeitete ein System des Dispatcherbetriebes in den Lagerstätten aus. Es beruht auf der Auswertung von modernen Mitteln der Telemechanik. Dieses System wurde auf den Lagerstätten der Vereinigung Ukrgas eingeführt, und es lieferte positive Resultate.

Das Dispatchersystem besteht aus einer Gebeeinrichtung, die sich an dem zu kontrollierenden Punkt befindet, einer Empfangseinrichtung am Dispatcherpunkt und einer zweikabeligen, diese Blöcke verbindenden Leitung. Die Gebeeinrichtung besteht aus den Gebern der Fernmessung und der Havariesignalisation, dem Empfangsblock der Fernsteuerung, den linearen Relais, die die Impulse des Leitungsstroms der Fernmessung in die Leitung geben, einem Telefon mit Abstimmeinrichtung und der Speisebatterie.

Die Empfangseinrichtung besteht aus dem Registriergerät mit einer Zusatzeinrichtung für die Dreipunktregistrierung, dem Synchronisator, dem Empfangssystem der Havariesignalisation, dem Gebeblock der Fernsteuerung und dem Telefon mit Abstimmeinrichtung.

Das erwähnte Dispatchersystem der Lagerstätte gewährleistet die Fernmessung von drei Parametern, die Fernsignalisation, die Fernsteuerung und die telefonische Verbindung von einer zweikabeligen Telefonleitung, wobei als dritte Leitung die Erde benutzt wird.

Auf der Lagerstätte ist jeder Verbrauchsregulator (Druckregulator) auf der Bohrung mit einem Distanzkorrektor versehen, mit dessen Hilfe der Verbrauch bis zur vollen Öffnung oder Schließung des Regulierventils verändert werden kann. Mit Hilfe dieses Distanzkorrektors erfolgt vom Dispatcherpunkt aus die Fernsteuerung der Arbeit der Gasbohrungen durch Senden von Impulsen. Hierbei hängt die Richtung der Ventilbewegung von der Polarität der Impulse und der Betrag dieser Bewegung von der Länge dieser Impulse ab.

Während der telefonischen Unterhaltung zwischen dem Dispatcher der Lagerstätte und den auf den Bohsungen Tätigen werden die Verbindungen der Fernsignalisation und der Fernsteuerung infolge der Abstimmeinrichtung nicht gestört. Das Dispatchersystem wird aus dem Wechselstromnetz gespeist.

Auf der etwa 80 km langen Gasleitung Ugersko-Lwow wurde ein Dispatcher- und Automatisierungssystem angewandt, das einen Teil der diese Gasleitung speisenden Gasbohrungen und die Gasverteilungsstation umfaßt.

Auf den Sonden befinden sich Regulierventile, wobei für zwei Sonden ein Befehlsmanometer des Typs M 6—410 mit Distanzkorrektor vorhanden ist. Mit Hilfe einer Gebeeinrichtung gelangen von der Sonde die Daten über den Gasverbrauch und den Gasdruck beim Verlassen der Sonde zum Dispatcherpunkt.

Auf dem GRS befinden sich Geräte, die Angaben über die Menge des herausgetretenen Gases und über den Druck in der Gasleitung übermitteln.

Der Dispatcher der Gasleitung kann an Hand der Geräte und Signalisierlampen, mit denen der Schild ausgerüstet ist, ständig die Arbeit der automatisierten Objekte verfolgen und entsprechend dem Bedarf mit den Mitteln der Fernsteuerung die Abgabe und andere Parameter verändern.

Die Einführung des Dispatcherbetriebes auf den Gaslagerstätten der Vereinigung Ukrgas gab die Möglichkeit, bis zu 70% des Bedienungspersonals freizustellen, die operative Arbeit der Dispatcher zu verbessern und eine zuverlässige Lieferung des Gases an die Verbraucher zu gewährleisten.

Mineralgehalt des Grundwassers in bezug auf die Grenzwerte für Mineralwässer

JAROSLAV VRBA, Prag

Einleitung

Bei den hydrochemischen Analysen der Grundwässer, die seit den letzten Jahren ein untrennbarer Bestandteil der komplexen hydrogeologischen Forschungen geworden sind, wurden neue Kenntnisse über den Chemismus der normalen wie auch der Mineralwässer erworben. Auf Grund der Hydrochemie kann die Frage der Grundwasser-Genesis (besonders der Mineralwässer) erörtert werden.

Durch Auswertung des Chemismus der Grundwässer der verschiedenen geologischen Gebiete der ČSR wurde festgestellt, daß ein verhältnismäßig großer Prozentsatz dieser Wässer (anhand von Brunnen-, Bohrungs- und Quellwasserproben) stark mineralhaltig ist und mehr gelöste Stoffe enthält, als der Grenzwert bei der Trennung des normalen Grundwassers vom Mineralwasser, der 1 g/kg Wasser beträgt, bestimmt. Diese Wässer sind also nach den allgemein gültigen Richtlinien für die Terminologie und Klassifikation derselben Mineralwässer. Mit der Frage der Gültigkeit dieses Wertes (1 g gelöster anorganischer Stoffe in 1 kg Wasser), der bisher einer der Grundbedingungen für die Anerkennung des Grundwassers als Mineralwasser war, befasse ich mich im Nachfolgenden.

Definition des Begriffes Mineralwasser

Um den Begriff Mineralwasser und gewöhnliches Grundwasser auseinanderzuhalten, benützt man allgemein das von E. HINTZE und L. GRÜNHUT (1907) vorgeschlagene Kriterium. Sie führen folgende Grenzwerte des Mineralwassers an: aufgelöste anorganische Stoffe 1 g/kg, freie Kohlensäure (CO_2) 250 mg/kg, Lithium (Li^+) 1 mg/kg, Strontium (Sr^{++}) 10 mg/kg, Barium (Ba^{++}) 5 mg/kg, Eisen ($Fe^{++} + Fe^{+++}$) 10 mg/kg, Brom (Br^-) 5 mg/kg, Jod (I^-) 1 mg/kg, Flour (F^-) 2 mg/kg, Hydroarsenation ($HAsO_4^{--}$) 1,3 mg/kg, Metaarsensäure ($HAsO_2$) 1 mg/kg, Schwefel (Summe der Hydrosulfidione $-SH^-$, Thiosulfatione $S_2O_3^{--}$ und Schwefelwasserstoff H_2S) 1 mg/kg, Metaborsäure (HBO_2), 5 mg/kg, engere Alkalität 4 Millival (in 1 kg entspricht 0,34 g $NaHCO_3$), Radiumemanation — 181 Eman in 1 Liter Wasser, d. h. beiläufig 50 Mache-Einheiten, Wärme +20° C.

Es ist selbstverständlich, daß diese Grenzwerte für das Mineralwasser nicht vorbehaltlos angenommen wurden. So betrachtet z. B. H. KLUT (1922) die Grenzwerte für Brom, Barium, Strontium, Lithium, Fluor, Metaborsäure nicht als allgemeingültig. Seiner Ansicht nach bildet dagegen die Meta-Siliziumsäure (H_2SiO_3) in den über 50 mg/kg stärkeren Konzentrationen einen wirksamen Bestandteil der Mineralwässer.

In den einzelnen Staaten gibt es bestimmte Abweichungen in der Höhe der Grenzwerte, welche den Ortsverhältnissen angepaßt sind. Die Grenzwerte für den Kohlensäuregehalt sind in der ČSR wesentlich höher als im Ausland (ČSR 1 g/kg, Ausland überall 0,25 g/kg). Trotzdem kann man jedoch feststellen, daß die internationalen Kriterien für Grenzwerte der Mineralwässer viel einheitlicher sind als die der Klassifikationssysteme, da diese auf unterschiedlichen Grundsätzen beruhen. Das Bestreben, eine einheitliche Terminologie und Klassifikation der Mineralwässer zu schaffen, führte auch zur Bildung des Ausschusses des International Standard Measurements Committee, welcher die Nomenklatur (1931) ausgearbeitet hat. Da diese aber keine exakten Definitionen enthielt, hat sie in der Praxis nicht Fuß fassen können. In der ČSR benützt man vorzugsweise V. VESELÝs (1937, 1949) Einteilung der Mineralwässer.

Er ging von den Klassifikationsgrundsätzen E. HINTZEs und L. GRÜNHUTs aus.

In der ČSR definierte man den Begriff Mineralwasser folgendermaßen: Mineralwasser ist jenes Wasser, welches in 1 kg wenigstens 1 g gelöster anorganischer Stoffe oder 1 g flüssiger Kohlensäure, 1 mg Schwefelwasserstoff, 10 mg Jod, 10 mg Arsen, 10 mg Eisen, 50 Mache-Einheiten der Radiumemanation und über 20° C Wärme enthält. Die tschechoslowakische Norm für natürliches Mineralwasser (gültig ab 1. 4. 1956) führt in Punkt 1 der Terminologie an: Natürliche Mineralwässer sind jene Wässer, die sich wesentlich von anderen Wässern durch größere Mengen gelöster anorganischer fester Verbindungen oder Gase unterscheiden und die den hygienischen Grundansprüchen für Trinkwasser entsprechen. Als Mineralwasser betrachtet man jenes Wasser, welches in 1 kg wenigstens 1 g gelöster fester Stoffe oder 1 g Gase (z. B. Kohlensäure) oder eines anderen Bestandteiles enthält, der im gewöhnlichen Wasser überhaupt nicht vorkommt oder wenigstens nicht in so großer Menge.

Mineralwasser dürfen wir nicht mit Heilwasser verwechseln, wie es manchmal in der Literatur vorkommt. Heilwasser ist jenes Wasser, dessen chemische Zusammensetzung und physikalische Eigenschaften wissenschaftlich bewiesen wurden und welche dem Menschen gesundheitlich nützen, so daß das Wasser zu Heilzwecken verwendet werden kann. Aus der angeführten Definition des Heil- und Mineralwassers geht hervor, daß das Mineralwasser kein Heilwasser sein muß und umgekehrt. Somit müssen wir beide Arten streng auseinanderhalten.

Diejenigen tschechoslowakischen Autoren, welche sich direkt oder indirekt mit den Grenzwerten der Mineralwässer bzw. mit deren Klassifikationssystemen befaßten, übernahmen die erwähnte von E. HINTZE, L. GRÜNHUT und V. VESELÝ aufgestellte Einteilung. In der neuesten Zeit wurden Schriften von V. VESELÝ (1937, 1949), V. JELEN, J. ŠIMA (1941), R. KETTNER (1948, 1954), O. HYNIE (1949, 1955), F. LENOCH (1949), M. MAHEL (1952) herausgegeben. Diese Autoren betonen ebenfalls den Unterschied zwischen Mineral- und Heilwässern. In einer der neuesten Schriften führen J. TRNKA, ŘV. JIELE, Z. VLÁŠEK (1957) als unerläßliche Bedingung für die Anerkennung des Grundwassers als Mineralwasser seine nachweisbare Heilwirkung an. Das Heilwasser wird also nicht als selbständiger Begriff angeführt, sondern der Kategorie der Mineralwässer zugeordnet.

Ergebnisse der hydrochemischen Forschungen

Die hier angeführten Ergebnisse der hydrochemischen Analyse (in diesem Beitrag befasse ich mich nur mit der Menge der gelösten anorganischen Stoffe im Grundwasser — mit seinem Mineralgehalt) sind selbstverständlich nicht endgültig; die Anzahl von Analysen der durchgeführten Grundwässer ist zu groß. Deshalb werde ich nur die Ergebnisse einzelner Gebiete eingehender besprechen.

Die Werte der einzelnen Ionen und der Gesamtgehalt der aufgelösten anorganischen Stoffe in den analysierten Mineralwässern beziehen sich in der Regel auf 1 kg Wasser, wogegen bei gewöhnlichem Grundwasser der Gesamtgehalt in 1 Liter Wasser angegeben wird. Bei Mineralwässern ist der Mineralgehalt durch die Menge der aufgelösten anorganischen Stoffe gegeben, beim gewöhnlichen Grundwasser durch den Verdampfungsrückstand bei 110 oder 180° C. Die Unterschiede der Ergebnisse sind im ersten Fall nicht wesentlich und können unbeachtet bleiben, dagegen können die Wertunterschiede im zweiten Falle durchschnittlich ungefähr 10% des genannten Mineralisationswertes bilden, da der Verdampfungsrückstand bei 110° C in der Regel nicht nur wasserfreie Salze enthält. Aus diesem Grunde werden wir solche Wässer als Mineralwässer betrachten, bei denen der Wert des Verdampfungsrückstandes bei 110° C mehr als 1250 mg/L beträgt. Es werden nur kalte (9—11° C) Wässer ohne größeren Gasgehalt (besonders an Kohlensäure) angeführt. Diese beiden Faktoren unterstützen wesentlich die Lösungsfähigkeit des Wassers.

Bei komplexer hydrogeologischer Durchforschung des Gebietes von Kolín und Poděbrady (Kreidegebiet von Ost-Prag) wurden in den Jahren 1954—55 insgesamt 63 Wasserproben aus Brunnen und Bohrstellen entnommen, welche das Grundwasser aus dem Quarzsand der Elbe und Cidlina oder aus dem Mergel und Schieferton des Unter- und Mittelturon umfassen. Der Verdampfungsrückstand überstieg in 16 Fällen 1250 mg/L bei 110° C; 25,4% dieses Wassers sind somit wirklich Mineralwasser. In den folgenden Ortschaften des durchforschten Gebietes wies das Grundwasser einen größeren Mineralgehalt auf: Vlkov 3658 mg/L, Jestřábí Lhota 3039 mg/L, Klipec 2557 mg/L, Vrčení 2155 mg/L, Sendražice 2070 mg/L, Oškobrh 1942 mg/L, Žehuň 1204 mg/L, Malá Báň 1581 mg/L, Sány 1541 mg/L, Pátek 1478 mg/L, Chotánky 1382 mg/L, Libice 1357 mg/L, Opolany 1355 mg/L, Ovčáry 1275 mg/L, Kubelík-Bohrung bei Němčice 1274 mg/L. Die Proben wurden meistenteils aus Gemeindebrunnen entnommen. Bei weiteren 9 Brunnen dieses Gebietes überstieg der Mineralgehalt 1 g/L.

Bei der hydrologischen und hydrochemischen Durchforschung des Elbe-Eger-Zusammenflusses (1956—57) wurden stark mineralhaltige Grundwässer in den Elbe-Eger-Flußsanden wie auch im Mergel und Turonien-Schieferton festgestellt. Von den insgesamt 76 entnommenen Grundwasserproben überstieg der Verdampfungsrückstand bei 31 Proben, d. h. 40,7%, 1250 mg/L (bei 110° C). So z. B. in den Gemeindebrunnen in Budyně 2371 mg/L, Nové Kopisty 1797 mg/L, Břežany 1773 mg/L, Keblice 1751 mg/L etc.

Bei der hydrologischen Durchforschung des Sokolov-(Falkenauer) Beckens wurden stark mineralhaltige Grundwässer in den Bohrungen zwischen Lipnice und Lomnice und in der Umgebung von Staré Sedlo festgestellt, in denen der Verdampfungsrückstand (bei 110° C) bis 5000 mg/L erreichte. Dagegen ist das Grundwasser des Eger-Beckens sehr wenig mineralhaltig (außer der kohlensäurehaltigen Wässer). Daraus geht hervor, daß die hydrochemischen Verhältnisse und Mineralisationsbedingungen der Grundwässer im Tertiär nicht verallgemeinert werden können.

Die Grundwässer im tschechoslowakischen Kreidegebiet, die besonders aus den Oberturon- und den tiefen Cenoman-Schichten in der Achse des Kreidebeckens auftreten, sind stark mineralhaltig (Holice-Tiefbohrung, Kostice, Želechovice, Třtěno, Solany, Vojnice, Králův Městec, Nový Bydžov).

Bei der Erörterung der Frage der Hydrologie des Lignitlagers in der Slowakei (Vyšné Německé-Sejkov im Podvihorlat-Tertiärbecken) wurde an Hand chemischer Analysen festgestellt, daß fast 30% der Grundwässer stark mineralhaltig sind, mit einem Verdampfungsrückstand über 1250 mg/L bei 110° C.

Abänderungsantrag der Grenzwerthöhe des Gehalts an aufgelösten anorganischen Stoffen in Mineralwässern

Aus den angeführten Ergebnissen der hydrochemischen Forschung geht hervor, daß wir, wenn wir konsequent nach den gültigen Normen und Vorschriften vorgehen, eine ganze Reihe neuer Mineralwässer verzeichnen müssen; denn diese Grundwässer erfüllen die Grundbedingung zur Anerkennung als Mineralwasser, da sie über 1 g/kg aufgelöste anorganische Stoffe enthalten. Ich bin überzeugt, daß hydrochemische Analysen in verschiedenen Gebieten das Vorhandensein weiterer Mineralwässer bzw. Wässer mit einem Gehalt über 1 g/kg aufgelöster Stoffe aufweisen werden. Ich bin jedoch der Ansicht, daß es ein Fehler wäre, diese Wässer in die Kategorie der Mineralwässer einzuordnen. Das Problem könnte auf verschiedene Arten gelöst werden:

1. den Grenzwert für aufgelöste anorganische Stoffe der Mineralwässer auf 2 g/kg oder evtl. noch höher festlegen;

2. den bisherigen Grenzwert für aufgelöste anorganische Stoffe der Mineralwässer beibehalten, aber

a) die Gegenwart eines weiteren Ions im Grenzwert für Mineralwässer,

b) die Heilwirkung dieses Wassers für die Einordnung in die Kategorie der Mineralwässer zur Bedingung machen;

3. für Wässer mit höherem Gehalt aufgelöster Stoffe (1 g/kg) ohne augenscheinliche physiologische Wirkung, welche in bestimmten Gebieten ständig vorkommen, eine andere Benennung, z. B. mineralisierte Wässer, einführen;

4. den Grenzwert für aufgelöste anorganische Stoffe für Mineralwässer überhaupt abschaffen.

Zu 1.

Die Festlegung eines höheren Grenzwertes für aufgelöste anorganische Stoffe der Mineralwässer ist möglich; denn es gibt eine ganze Reihe von Ausnahmen in den Grenzkonzentrationen. So sind z. B. die Grenzwerte für den Gehalt an Kohlensäure in der ČSR viermal höher als in anderen Staaten. In diesem Falle wäre der Wert 2 g/kg aufgelöster anorganischer Stoffe der Minimalwert.

Zu 2.

Das Vorhandensein von mehr als 1 g/kg aufgelöster anorganischer Stoffe im Wasser muß noch nicht den chemischen Charakter desselben bestimmen. Aus diesem Grunde wäre es angebracht, wenn man die Gegenwart eines weiteren Ions in den Grenzkonzentrationen laut dem Kriterium von E. HINTZE und L. GRÜNHUT (z. B. 5 mg/kg, Ba^{++}, 10 mg/kg As^{+++} u. a.) als Ergänzungsbedingung festlegen würde.

Zu 2b.

Eine weitere Bedingung für die Einordnung des Wassers mit einem Gehalt aufgelöster anorganischer Stoffe über 1 g/kg in die Kategorie des Mineralwassers wäre die beweisbare Heilwirkung (siehe J. TRNKA, V. JIŘELE, Z. VLÁŠEK 1957). Die Bedingung der Heilwirkung des Grundwassers hätte aber nur bei dieser Grenze (1 g/kg aufgelöster Stoffe) ihre Berechtigung; denn sobald das Wasser stärkere Konzentrationen über dem Grenzwert enthält, ist z. B. bei Jod, Arsen, Brom u. ä. in der Regel ihre Heilwirkung bereits durch diese Grundstoffe gegeben.

Zu 3.

Die Einführung einer neuen Benennung für Wässer mit höherem Gehalt an aufgelösten anorganischen Stoffen, ohne augenscheinliche physiologische Wirkung (im Gegenteil, sie sind oftmals sogar gesundheitsschädlich, so das stark schwefelsauere Wasser im Gebiet von Pilsen u. ä.), welche ständig in einem bestimmten Gebiete vorkommen, wäre die annehmbarste Lösung. O. HYNIE (1955) benützt den sehr geeigneten Terminus „mineralisiertes Wasser" für Wässer mit höherem Mineralgehalt. Die Benützung dieses Terminus nur für Wässer mit einem Gehalt aufgelöster Stoffe über 1 g/kg, zum Unterschied von Mineralwässern im wahren Sinne des Wortes, würde für die balneologische Praxis genügen.

Zu 4.

Wenn auch das Studium des Chemismus und der Genesis der Mineralwässer allgemein noch keine bedeutende Höhe erreicht hat, ist doch schon erkannt, daß die Heilwirkung der Mineralwässer nicht durch ihren Mineralgehalt bedingt ist. Wir kennen eine Reihe von Heilquellen (besonders in der Slowakei), welche weder 1 g/kg aufgelöster anorganischer Stoffe noch weitere Ionen in höherer Konzentration enthalten, und dennoch haben diese Wässer (durchweg Warmquellen) große therapeutische Wirkungen; so z. B. Heilquellen in Bojnice (819,6 mg/kg aufgelöster Stoffe), Lúbice (619,2 mg/kg aufgelöster Stoffe), Rájecké Teplice (977,5 mg/kg aufgelöster Stoffe). Die klinischen Wirkungen des Mineralwassers beruhen eher auf der Gegenwart von Spurenelementen, von Nicht-Elektrolyten und im Chemismus des Wassers überhaupt. Aus diesem Grunde darf die Höhe des Mineralgehaltes nicht eine der Grundvoraussetzungen für die Anerkennung eines Grundwassers als Mineralwasser sein, da sie an und für sich weder die Gegenwart eines der therapeutisch wirksamen Ionen noch der physiologischen Wirkung des Wassers sichert.

Schlußfolgerung

Durch eine ganze Reihe von Ergebnissen wurde dargelegt, daß die heutige Gehaltsgrenze der aufgelösten anorganischen Stoffe im Wasser (1 g/kg), welche notwendig ist, Grundwasser als Mineralwasser anzuerkennen, keine Berechtigung hat; denn in der ČSR gibt es eine ganze Reihe von Wässern dieses Charakters, ohne daß ihre balneologische Nutzung in Erwägung kommen kann. Diese Wässer weisen in der Regel nicht die nötigen physiologischen Wirkungen auf. Da die balneotherapeutische Wirkung der Mineralwässer nicht durch die Höhe des Mineralgehaltes bedingt wird, schlage ich vor, eine Korrektur des jetzt gültigen Grenzwertes (1 g/kg) für den Gehalt an aufgelösten anorganischen Stoffen bei Mineralwässern durchzuführen. Von den vorgeschlagenen Möglichkeiten scheint die Einführung eines neuen Begriffes (mineralisiertes Wasser) für die physiologisch indifferenten Grundwässer mit größerem Mineralgehalt oder die Abschaffung dieses Grenzwertes, da die Gegenwart der therapeutisch wirksamen Ionen und die physiologische Wirkung des Wassers in der Regel nicht von dem Mineralgehalt abhängig ist, die geeignetste zu sein.

Unsere Forschungsergebnisse zeigen, daß nicht nur der Grenzwert für den Gesamtgehalt an aufgelösten anorganischen Stoffen bei Mineralwässern keine Berechtigung hat, sondern daß auch einige andere Grenzen für bestimmte Ionen für die tschechoslowakischen Verhältnisse zu niedrig sind. Dies bezieht sich vor allem auf den Eisengehalt (Grenzwert 10 mg/kg). Dieses Problem war jedoch nicht Gegenstand vorliegender Arbeit.

Literatur

BULÍČEK, J.: Gesundheitlich-technische Qualitätsbeurteilung des Wassers. Vědecko technické nakladatelství, Praha 1950.

HINTZE, E., GRÜNHUT, L.: Einteilung der Mineralwässer. Deutsches Bäderbuch, Leipzig 1907.

HYNIE, O., ZOUBEK, V.: Geologische Verhältnisse unserer (tschechoslowakischer) Bäder. Almanach lázní ČSR, Praha 1949.

HYNIE, O.: Geologie der Mineralquellen in Böhmen und Mähren. Geotechnica, Bd. 7, SGÚ, Praha 1949.

HYNIE, O.: Hydrogeologie der Mineralwässer. Státní pedagogické naklad. Praha, 1955.

JELEN, V.: Mineralwässer der tschechischen Kreide. Věstník české Fysiatrické společnosti, roč. 1939, Praha 1939.

JELEN, V., ŠÍMA, J.: Physikalische und chemische Eigenschaften des Wassers, besonders der Grundwässer. Plyn, Voda a zdravotní technika, roč. XXI, Praha 1941.

KETTNER, R.: Allgemeine Geologie, Teil III. Naklad. ČSAV, Praha 1954.

KLUT, H.: Untersuchung des Wassers an Ort und Stelle. Berlin 1922.

LENOCH, F.: Einteilung der Heilwässer. Almanach lázní ČSR, Praha 1949.

MAHEL, M.: Mineralquellen der Slowakei unter Bezugnahme auf den geologischen Bau. Práce Štátného geologického ústavu, Bratislava 1952.

SANDHOLZER, V.: Radioaktivität der tschechoslowakischen Wässer. Almanach lázní ČSR, Praha 1949.

TRNKA, J., JIŘELE, V., VLÁŠEK, Z.: Chemische Analysen der Mineralurstoffe. Nakladatelství ČAV, Heft 13, Praha 1957.

VESELÝ, V.: Einteilung der Mineralwässer der Tschechoslowakei an Hand ihrer chemischen Zusammensetzung. Almanach lázníl ČSR, díl. I, Praha 1937.

VESELÝ, V.: Chemische Zusammensetzung der Mineralwässer und Grundsätze ihrer Analyse. Almanach lázní ČSR, Praha 1949.

VRBA, J.: Unsere Mineralwässer. Čas. Země a lidé, roč. VI, Praha 1957.
Tschechoslowakische Staatsnorm 86 8100, Praha 1956.

Untersuchungen über die Voraussetzungen der Rekultivierung von Kippen im Braunkohlenbergbau

W. KNABE, Berlin-Malchow[1])

Landschaftsveränderungen durch den Braunkohlentagebau

Der Braunkohlentagebau verändert die von ihm erfaßten Landschaften in vielerlei Hinsicht. Durch den Abbau verschiebt sich das Kulturartenverhältnis zuungunsten der Land- und Forstwirtschaft, da die Ödlandflächen zunehmen. Der gewachsene Boden wird als Produktionsgrundlage und Baugrund zerstört und anstelle der tertiären und quartären natürlichen Ablagerungen treten neue „anthropogene Lockergesteine“, die „Kippgesteine“ benannt wurden.

Weitere Landschaftsveränderungen ergeben sich durch das Entstehen großer vegetationsloser Flächen, die 1950 schätzungsweise 25500 ha betragen haben und durch die Veränderungen des Reliefs, vor allem durch Halden, Hochkippen und Tagebaurestlöcher.

Der Wasserhaushalt eines Tagebaugebietes wird sowohl durch umfangreiche Grundwasserabsenkungen als auch durch eine erhebliche Verschmutzung der Wasserläufe beeinflußt. Auch der Bestand an stehenden und fließenden Gewässern wird erheblich verändert.

Während die Zunahme von Rauch- und Staubquellen in den Braunkohlenrevieren ganz augenscheinlich ist, müßten klimatische Veränderungen noch durch exakte Messungen nachgewiesen werden.

Im Siedlungs- und Verkehrswesen haben die Tagebaue deutliche Spuren hinterlassen.

Von 1880–1955 hat der Braunkohlenbergbau im Gebiet der DDR rd. 56700 ha Land entzogen und rd. 26600 ha wieder für eine Nutzung zur Verfügung gestellt. In der Zukunft ist mit dem Abbau von weiteren 300000 bis 560000 ha braunkohlenführender Flächen, das sind 2,8 bis 5,2% der Landfläche der DDR, zu rechnen. Die gewaltige Ausdehnung des Bergbaus erfordert alle Anstrengungen, um die dadurch entstehenden Landschaftsschäden so gering wie möglich zu halten.

[1]) Unser Beitrag stellt die Zusammenfassung der Dissertation des Autors dar, die im Institut für Garten- und Landeskultur, Landw.-Gärtnerische Fakultät der Humboldt-Universität zu Berlin, hergestellt wurde. Die Gesamtarbeit wird in etwas veränderter und erweiterter Form voraussichtlich unter dem Titel „Zur Wiederurbarmachung im Braunkohlenbergbau“ im April 1959 im VEB Deutscher Verlag der Wissenschaften Berlin erscheinen. Ladenpreis ca. DM 30,–.

Der Kulturwert der Deckgebirgsschichten

Die erste Voraussetzung für eine planmäßige Wiedernutzbarmachung und Rekultivierung in Tagebauen ist die Kenntnis des Kulturwertes der Abraumschichten. Daher hat die Bodenkultur als Folgewirtschaft des Bergbaus ein dringendes Interesse daran, daß der Kulturwert des Deckgebirges schon vor dem Abbau festgestellt wird. Da dieses Problem der bergmännischen oder geologischen Betrachtungsweise ursprünglich fremd war, fehlten bisher eingehende Untersuchungen darüber.

Die vorliegende Arbeit sollte vor allem diese Lücke schließen. Zunächst wurde zur Kennzeichnung des Kulturwerts eine Skala von (3 bzw.) 5 Wertklassen gebildet. Einteilungsprinzip war die Eignung jeder Schicht für land- und forstwirtschaftliche Kulturen und die Notwendigkeit, einzelne Schichten bei der Abraumbewegung verschieden zu behandeln.

Die Wertklassen lauten:

Wertklasse	Eignung	Besonderheiten bei der Verkippung
A = I	für Landwirtschaft gut brauchbar	stets nach oben bringen!
II	für Landwirtschaft brauchbar	nach oben, wenn I fehlt!
B = III	für Forstwirtschaft gut bis brauchbar	nach oben, wenn I u. II fehlen!
C = IV	noch begrünungsfähig, aber ohne wirtschaftliche Erträge	möglichst nach unten!
V	kulturfeindlich mit Pflanzengiften	stets nach unten!

Zur Einordnung der Deckgebirgsschichten in diese 5 Wertklassen geben praktische Erfahrungen der Land- und Forstwirtschaft einen ersten Anhalt. In vielen Fällen schaffen jedoch erst Anbauversuche und Bodenanalysen Klarheit. Für eine vorausschauende Untersuchung des Deckgebirges mehrere Jahre vor dem Abbau mußten vor allem 3 Probleme befriedigend gelöst werden:

a) die Probenahme,
b) die Analyse der Proben,
c) die Auswertung und Darstellung der Ergebnisse.

Die Wiedernutzbarmachung durch den Bergbau

Der Bergbau ist in der DDR gesetzlich verpflichtet, die von ihm vorübergehend in Anspruch genommenen Grundstücksflächen wieder nutzbar zu machen. Die Anforderungen von Land- und Forstwirtschaft, die diese Flächen übernehmen sollen, ähneln sich in bezug auf den Wasserhaushalt und die Zugänglichkeit der Kippe; in bezug auf Relief, Bodengüte und Entfernung zur nächsten Siedlung weichen sie voneinander ab.

Der Bergbau hat verschiedene Möglichkeiten, diesen Anforderungen gerecht zu werden. Bei der Wiedernutzbarmachung sollten die beschriebenen Zusammenhänge zwischen Aufbau des Deckgebirges, Abbautechnik und Bodennutzung vor und nach dem Abbau berücksichtigt werden, ebenso die Tatsache, daß nutzbare Kippen über dem künftigen Grundwasserspiegel liegen müssen. Bei einförmigen Deckgebirgsverhältnissen brauchen die Kippen meist nur planiert zu werden, bei unterschiedlichem Kulturwert der einzelnen Schichten sollte dagegen die wertvollste Schicht als Kulturboden getrennt gewonnen, gefördert und verkippt werden. Die dabei auftretenden Probleme sind in Zugbetrieben leichter als in Förderbrücken- oder Bandbetrieben zu lösen. Grundsätzlich sollte man der technischen Weiterentwicklung der einzelnen Arbeitsgänge mehr Beachtung als bisher schenken, um ein Zurückbleiben hinter der allgemeinen Technologie von Braunkohlentagebauen zu vermeiden.

Planung und Aufschluß neuer Tagebaue erfordern in Zukunft besondere Aufmerksamkeit. Es erscheint notwendig, schon mit dem Abbauplan für die Kohle einen Aufbauplan für die Landschaft nach der Auskohlung zu entwickeln. Einige dafür erforderliche Gesichtspunkte wurden genannt.

Die Möglichkeiten zur „form-" und „mineralgerechten" Anlage von Halden sowie zur Wiedernutzbarmachung von Tagebaurestlöchern wurden bisher nur ungenügend ausgeschöpft. In beiden Fällen müssen technische Maßnahmen und Bepflanzung Hand in Hand gehen, um Erfolg zu haben. Bei guter gemeinsamer Arbeit von Bergmann und Landschaftsgestalter lassen sich gerade an Tagebauseen reizvolle Erholungsgebiete schaffen.

Spezielle Untersuchungen

Die speziellen Untersuchungen zur Ermittlung des Kulturwertes von Abraumschichten erstreckten sich auf Bodenanalysen in mehreren Lausitzer Tagebauen und auf Gefäßversuche mit einigen besonders ausgewählten Schichten.

Methodisch wurde festgestellt, daß p_H-Messungen, Kalkbedarfsermittlungen und Sulfatschwefelbestimmungen bei frischen Abraumschichten unzuverlässig sind, da sie nur „Momentaufnahmen" eines erst beginnenden Verwitterungsprozesses darstellen. Statt dieser ungenügenden Methoden wurde eine Basen-Säure-Bilanz vorgeschlagen, die auch die potentiellen An- und Kationen einschließlich des Schwefelkies miterfaßt. Weiterhin wurden mehrere Bodenteste auf ihre Eignung für Abraumproben überprüft.

Gefäßversuche erwiesen sich als eine brauchbare Methode zur Klärung verschiedener Teilfragen des Gesamtproblems. Insbesondere konnte mit ihrer Hilfe festgestellt werden, daß der Komplex Bodenazidität die primäre Ursache für die giftige Wirkung miozäner Abraumschichten ist, da nach der Neutralisation der Säure mit Kalk ein Pflanzenwachstum möglich war. Nährstoffmangel und Benetzungswiderstände kommen als weitere wachstumshemmende Faktoren hinzu.

Stratigraphisch war die Beobachtung von Wichtigkeit, daß die geologischen Bildungen des Lausitzer Braunkohlenreviers nur ausnahmsweise einer bestimmten Wertklasse zugeordnet werden können, da altpleistozäne und miozäne Schichten stark wechselnde Mengen Schwefelkies enthalten. Daher sind Bodenanalysen zur richtigen Ansprache des Kulturwertes unentbehrlich. Miozäne Kohlenletten erwiesen sich allerdings in allen untersuchten Tagebauen als kulturfeindlich.

Läßt man alle Abweichungen im Einzelfall beiseite, nimmt der Kulturwert der Lausitzer Abraumschichten von oben nach unten, d. h. vom Holozän über das obere und untere Pleistozän zum Miozän hin ab. Diese Tatsache erleichtert eine gesonderte Gewinnung und Verkippung der kulturfähigen Schichten.

Die Untersuchungen lieferten neben den allgemein interessierenden Ergebnissen auch konkrete Unterlagen für die Planung der Kulturbodenwirtschaft in den einzelnen Tagebauen, die den Braunkohlenwerken direkt zugestellt wurden.

Vorschläge zur bodenkundlichen Voruntersuchung des Deckgebirges

Die bodenkundliche Voruntersuchung des Deckgebirges ist für die Wiederherstellung einer ertragreichen Kulturlandschaft von derselben Wichtigkeit wie die Ermittlung der Kohlenqualität für die volkswirtschaftlich beste Verwendung des Rohstoffs Braunkohle. Diese Voruntersuchung kann nur mittels Trockenbohrungen erfolgen.

Um bei möglichst geringen Kosten trotzdem einen ausreichenden Einblick in den Aufbau des Deckgebirges zu erhalten, wird analog zu den Kohlenanalysen des Bergbaus eine Untersuchung der „Abraumqualität" in 3 Schwierigkeitsstufen vorgeschlagen.

Die 1. Schwierigkeitsstufe soll alle 200 m erfolgen. Sie umfaßt 3 einfache Bodenteste, die bereits von den Bohrmeistern ausgeführt werden können.

Die 2. Schwierigkeitsstufe ist für alle Bohrungen im 400 m-Bohrnetz bestimmt. Sie besteht aus einfachen Laboruntersuchungen, für die ein genauer Plan vorgelegt wurde, um die Analysen auf ein Mindestmaß zu beschränken. Die 2. Schwierigkeitsstufe kann aus Kostengründen auf die obersten 15—30 m des Deckgebirges beschränkt werden.

Die 3. Schwierigkeitsstufe der Abraumuntersuchungen soll bei allen Bohrungen des 1600 m-Bohrnetzes und nach Entscheidung der zuständigen Untersuchungsstelle auch bei einem Teil der Bohrungen des 800 m-Netzes ausgeführt werden. Mit ihrer Hilfe soll der Kulturwert aller Deckgebirgsschichten bis zur Kohle wissenschaftlich exakt und eindeutig bestimmt werden. Kulturfeindliche Abraumschichten werden dabei am besten durch Keimpflanzenversuche ermittelt. Der Umfang der notwendigen Bodenanalysen kann noch nicht genormt werden.

Die Auswertung der Untersuchungen sollte in enger Zusammenarbeit mit dem Projektierungs- und Konstruktionsbüro „Kohle" erfolgen. Die fertigen Unterlagen sind dieser Stelle nach Abschluß als Planungsunterlage zur Verfügung zu stellen. Die verantwortlichen Ministerien und örtlichen Staatsorgane sind ebenfalls von den Ergebnissen zu unterrichten.

Neue Fortschritte in der geologischen Erforschung der Volksrepublik China

A. SCHÜLLER, z. Z. Peking

Vom 10. bis 20. 9. 1958 fand im „Forschungsinstitut für Mineralische Rohstoffe beim Ministerium für Geologie" der erste große Geologen-Kongreß in der Volksrepublik China statt. Die Vertreter der geologischen Untersuchungsstellen aller 28 Provinzen waren anwesend und haben über teilweise Aufsehen erregende neue Entdeckungen berichtet. Innerhalb von sechs Tagen wurden 220 Vorträge gehalten; vier Tage waren den allgemeinen Fragen der Lagerstättenforschung, der Organisation und der Planung gewidmet. Auf dem Kongreß wurde von hohen Regierungsstellen auch über die großen Fortschritte in der Erkundung von Lagerstätten eingehend berichtet. Aus den Vorträgen interessieren folgende Tatsachen:

Die Zahl der Geologen ist seit der Befreiung 1949 von 300 Geologen des alten China auf heute Zehntausende angestiegen. Die planmäßige Organisation und die Schulung der Massen hat im Jahre 1958 Millionen von Bauern zu Prospektoren gemacht, so daß große Teile auch im Inneren des Landes nach mineralischen Rohstoffen durchsucht worden sind.

Nach dem Bericht des Ministers für Geologie gibt es Kohle und Eisen überall im Lande. Die möglichen Vorräte werden geschätzt bei

Eisenerzen auf	100000 Mio t,
Kohle auf	1500000 Mio t,
Phosphaten auf	30000 Mio t.

Die sicheren Vorräte werden geschätzt bei:

Eisen auf	5600 Mio t
(37mal soviel wie 1952),	
Kohle auf	55000 Mio t
(12mal soviel wie 1952).	

Die nachgewiesenen Ölreserven während der letzten 5 Jahre sind um das Zweieinhalbfache gestiegen. Die sicheren Vorräte an W, Sn, Mo, Mn, Pb, Al u. a. stellen die VR China in die Reihe der reichsten Mineralländer der Erde.

Die 1958 ausgeführten Bohrungen betragen bereits 6500 km, das sind 60% der Gesamtbohrungen des letzten Fünfjahrplanes. Der Bohrrekord in einem Monat betrug 2078 m. Es wird geschätzt, daß die ausgeführten Schürf- und Tunnelarbeiten 590 km betragen. Der monatliche Rekord in der Auffahrung von Stollen betrug 515 m.

Im alten China wurden 18 verschiedene Mineralarten gewonnen. Heute baut man Lagerstätten jeder Größenordnung von 71 Mineralen ab. Bemerkenswert sind vor allen Dingen die vielartigen und teilweise reichen neuen Uranerzlagerstätten. In den letzten 6 Monaten des Jahres 1958 sind 90000 Minerallagerstätten in 13 Provinzen registriert worden; im gesamten ersten Fünfjahrplan waren es nur 40000. Unter den großen Lagerstätten, die entdeckt wurden, sind folgende zu nennen: Eisenerze in Nanshan, Provinz Kansu, Blei-Zink-Erze in Chinghai, NW-China sowie Ölschiefer in der Honan-Provinz.

Zeugnis von dieser Forschungstätigkeit liefert die „Nationale Ausstellung für Industrie und Rohstoffe Chinas" im Peking-Pavillon 1958, wo Erze aus allen Provinzen und Lagerstätten gezeigt werden.

Selbstverständlich werden neben der üblichen geologischen Prospektion Geophysik, Geochemie und erstaunlicherweise auch Mikrobiologie, Luftmagnetometrie und Radiometrie eingesetzt. Dies geschieht alles bereits mit Geräten, die im Lande produziert worden sind.

Die Spezialvorträge waren in 4 Sektionen aufgeteilt:

1. Buntmetalle,
2. Stahl- und Eisenmetalle,
3. Nichtmetallische Rohstoffe,
4. Seltene Metalle.

Die Vorträge werden in diesem Jahr in chinesischer und russischer Sprache gedruckt vorliegen. Sie werden mehrere Bände mit mehr als 1 Million Worten füllen.

Als weiteres bleibendes Ergebnis des Kongresses wird das vorgewiesene Material den Grundstock für das Museum für Geologie bilden und ab 1959 der breiten Öffentlichkeit zugänglich gemacht werden. Das glänzende Ergebnis des ersten Geologen-Kongresses für Lagerstättenforschung in der VR China legt Zeugnis von den unglaublichen Fortschritten der geologischen Erforschung ab, mit denen der zweite Fünfjahrplan begonnen hat. Der Gewinn für die praktische Arbeit wird durch die Teilnehmer des Kongresses in allen Provinzen bald sichtbar werden. Die Auswirkungen auf unsere wissenschaftliche Erkenntnis über die Gesetzmäßigkeiten der Verbreitung und der Entstehung der Lagerstätten sind erst dann abzusehen, wenn die Publikationen von der Fachwelt verarbeitet sein werden.

Lesesteine

Rohstoffinteressen der westdeutschen Monopole in Afrika

In den letzten Monaten sind die kolonialen Territorien der EWG[1])-Staaten immer mehr für die Außenhandelsexpansion der westdeutschen Konzerne von Interesse. Die Aufmerksamkeit der Monopole richtet sich insbesondere auf die großen Rohstoffgebiete und Industrieprojekte in Afrika. Neben Aluminium und Erdöl hat man vor allem den Rohstoff Eisenerz im Auge. Die westdeutschen Konzerne haben in dieser Hinsicht eine Reihe von Sorgen, besonders deshalb, weil sie in der Belieferung mit diesem so grundlegend wichtigen Rohstoff in hohem Grade von der Einfuhr, d.h. von der amerikanischen Konkurrenz abhängig sind. Die Schwierigkeiten treten besonders infolge der Verzettelung der Bezugsquellen auf. Viele Werke sind gezwungen, mehr als 20 verschiedene Erzsorten zu mischen.

Bereits 1957 konnte man aus westdeutschen Zeitungsmeldungen unter dem Thema „Gemeinsamer Markt und Afrika" entnehmen, daß die Montan-Union und besonders aber die westdeutschen Interessenten nun vor dem Problem stehen, „unter den Erzvorkommen der Erde die vorteilhaftesten auszuwählen und sich nach Möglichkeit Eigentumsrechte daran zu sichern". Die englische Zeitung „The Financial Times" stellte fest: „Geographisch betrachtet, werden Brasilien, Kanada und Franz.-Afrika vermutlich die Hauptzentren der deutschen Überseeinteressen sein". Diese Zeitungsnotizen werden durch die Tatsache bestätigt, daß sich westdeutsche Konzerne an drei großen Eisenerzvorkommen in Afrika beteiligen. Es handelt sich hierbei um

[1]) EWG = Europäische Wirtschaftsgemeinschaft.

1. die Eisenerzvorkommen bei Fort Gouraud, 2. die Erzlagerstätten in Mekambo und 3. die Erzvorkommen bei Tindouf.

Die Eisenerzvorräte bei Fort Gouraud (ungefähr 600 km östlich von Port Etienne) in Mauretanien werden auf etwa 120 Mio t geschätzt. Der durchschnittliche Fe-Gehalt wird mit 65% angegeben. Der Abbau kann im Tagebau erfolgen. Es ist eine jährliche Förderung von 4 Mio t geplant. Mit einer ersten Erzverschiffung wird 1960/61 gerechnet. Zum Abtransport des Erzes macht sich der Bau einer rd. 600 km langen Eisenbahnlinie zur Küste erforderlich, die etwa 25 Mrd. ffr. und damit die Hälfte der Gesamtinvestitionen beanspruchen wird. Neben vorwiegend französischen Konzernen (MIFERMA) mit 50% Aktienkapital beteiligen sich die British Iron and Steel Corporation, die italienische Finsider-Gruppe und namhafte westdeutsche Konzerne der Schwerindustrie, darunter KRUPP, MANNESMANN, THYSSEN, KLÖCKNER, HOESCH und HANIEL, die mit 10% des Gesamtkapitals vertreten sind.

Die Eisenerzvorräte in Mekambo im Gabun (Franz.-Äquatorialafrika) werden auf mehrere Milliarden Tonnen geschätzt, von diesen sollen 400—500 Mio t einen Fe-Gehalt von 60—70% besitzen. Die Vorkommen liegen ebenfalls 500—600 km von der Küste entfernt. Es sollen mindestens 100 Mio jato gefördert werden. Für den Abbau sind Investitionen von etwa 100 Mrd. ffr. erforderlich. Das Aktienkapital liegt zu 50% in amerikanischen Händen (Bethlehem Steel), zu 35% in französischen Händen und 15% werden von einem Konsortium der westdeutschen Stahlindustrie getragen.

Die Erzvorräte bei Tindouf, die im Untersuchungsgebiet des französischen Bureau des Recherches Minières liegen, sollen ca. 3 Mrd. t betragen. Der Fe-Gehalt wird mit 56% angegeben. Die erforderlichen Investitionen werden auf 80 Mrd. ffr. geschätzt. Die jährliche Förderung soll 10 bis 15 Mio t betragen. Die westdeutschen Interessen für die Eisenerze von Tindouf sind in Zusammenhang mit dem Vorkommen weiterer wichtiger Rohstoffe in diesem Gebiet zu sehen. So wurden in Djebel Guetarra große Manganerzvorkommen und in Abadla und Kenadsà am Sahararand Steinkohlen gefunden. Da in diesem Raum sämtliche für die Verhüttung benötigten Rohstoffe vorhanden sind — auch Wasser wurde gefunden —, bestehen günstige Voraussetzungen, um in diesem Gebiet, mit Columb-Béchar als Mittelpunkt, ein bedeutendes schwerindustrielles Zentrum entstehen zu lassen. —Ul—

Supernovae und das Leben auf der Erde

Neuere Untersuchungen, vor allem auch von sowjetischen Astrophysikern, weisen erneut darauf hin, daß das plötzliche Aussterben ganzer Tierarten in vergangenen Zeiten auf kosmische Einflüsse zurückgehen kann. Die Astrophysiker haben gefunden, daß von Zeit zu Zeit am Himmel sog. Supernovae aufleuchten. Diese senden eine außerordentlich harte Strahlung aus.

Nach unseren heutigen Kenntnissen macht die von der gegenwärtigen kosmischen Strahlung hervorgerufene Radioaktivität der Luft etwa ein Drittel der natürlichen Strahlungen im Bereich der Erdoberfläche aus. Für Lebewesen mit kurzem Fortpflanzungsrhythmus wird in einer Reihe von Fällen für eine Verdoppelung der Mutationshäufigkeit eine Vergrößerung der Intensität der kosmischen Strahlung um das 100- bis 1000fache verlangt; bei langlebigen Formen — hierzu gehört der Mensch — genügt wahrscheinlich schon eine Erhöhung auf das 3- bis 10fache. Daraus folgt, daß eine lange fortsetzende Einwirkung eines um das 10fache vergrößerten Niveaus der Intensität der kosmischen Strahlung katastrophale Folgen für viele relativ langlebige Lebewesen nach sich ziehen kann.

In unserem Milchstraßensystem wurden in den letzten 1000 Jahren mindestens 5 Sternkatastrophen beobachtet, die zur Bildung von Supernovae führten. Ihre Entfernung dürfte 6000—8000 Lichtjahre nicht überschritten haben. Nach Ansicht der Astrophysiker findet im Durchschnitt etwa alle 200 Mio Jahre der Ausbruch einer Supernova in einer Entfernung von weniger als 25 Lichtjahren statt. Seit Entstehung der Erde müssen also schon mehrere Male sonnennahe Sterne als Supernovae aufgeleuchtet sein. Eine Supernova, die bei ihrem Ausbruch der Erde so nahe stand wie heute der Sirius, müßte eine Lichtmenge auf die Erde geworfen haben wie gegenwärtig der Vollmond.

Hieraus sieht man, daß solche kosmischen Vorgänge die Radioaktivität auf der Erdoberfläche verändern und somit zu weitgehenden Mutationen führen, die unter Umständen zum Aussterben ganzer Tiergeschlechter führen können.

Die Wirkung der radioaktiven Verseuchung der Atmosphäre durch Atombombenexplosionen ist die gleiche wie die Einwirkung der Strahlung einer Supernova. Die Menschheit könnte also durch eine Fortdauer dieser Versuche und einer weiteren radioaktiven Verseuchung der Atmosphäre zur Ausrottung gebracht werden. E.

Ein neues Glied in der Phylogenese der Menschheit

Über die Vergangenheit der Menschheit herrscht noch sehr wenig Klarheit. In Zusammenhang mit den neuen Funden in Afrika, die diesen Kontinent zur Zeit an die erste Stelle in der Genese der Menschheit rücken, wird diese Vergangenheit jedoch immer mehr erhellt.

Trotzdem liegen im Vergleich zu dem benötigten Ausgangsmaterial noch zu wenig Funde vor. Allerdings wurde bis jetzt nur ein kleiner Teil des bewohnten Festlandes erforscht.

Unsere direkten Vorfahren traten möglicherweise schon im Miozän auf. Dieses bedeutet jedoch nicht, daß wir mit Bestimmtheit den Zeitpunkt der Abtrennung von dem gemeinsamen Stamm der Anthropoiden angeben können.

Zur Zeit können wir an Hand der uns zur Verfügung stehenden Funde sagen, daß der Beginn der Blütezeit der menschenähnlichen Affen auf dem größten Teil der Erdoberfläche in das Oligozän mit seinem heißen oder gar subtropischen Klima gestellt werden kann. Eindeutige Reste davon sind im weitaus größten Teil Eurasiens, die nördlichen Teile ausgenommen, gefunden worden. Sie fehlen jedoch gänzlich in Australien und Amerika.

Mögliche evolutionäre Reste unserer Vorfahren sind im Miozän Indiens und Europas gefunden worden. Es handelt sich hier um *Ramapithecus* und *Sivapithecus* in Indien (Siwalik-Gebirge) und *Dryopithecus fontani* LARTET im Mittleren Miozän Südfrankreichs, die schon im Jahre 1856 entdeckt wurden. Bald danach wurden *D. rhenanus*, *D. darwini* und *D. germanicus* im Pliozän von Schwaben, des Wiener Bekkens und Südeuropas gefunden.

Jetzt erwies sich, daß zu dieser Reihe noch ein weiterer direkter Vorfahre von uns gehört — *Oreopithecus bambolii* GERVAIS, der schon vor 90 Jahren entdeckt, jedoch in die niederen Affen eingereiht wurde. Seine Geschichte ist viel zu interessant, als daß sie unerwähnt bleiben dürfte.

Die ersten Reste des *Oreopithecus* wurden um 1870 auf dem Monte Bamboli in den Ligniten der pontischen Ablagerungen Toskanas (Oberes Miozän) entdeckt und zur Bestimmung nach Paris zu dem namhaften französischen Paläontologen P. GERVAIS gesandt. GERVAIS gab die Beschreibung (1872) und stellte fest, daß der *Oreopithecus* sich in gewissen Merkmalen dem Gorilla nähert, andererseits jedoch einige Merkmale des Makaks (*Cynomorphes*), d. h. der niederen Affen, so z. B. die Länge des letzten Molars, aufweist. Dieser letzte Vergleich spielte dann auch eine sehr betrübliche Rolle, da der berühmte deutsche Paläontologe MAX SCHLOSSER den *Oreopithecus* 1887 endgültig den *Cynomorphes* zuordnete, bei denen er auch bis in die letzten Jahre verblieb. Es gab allerdings einige wenige Stimmen, wie z. B. FORSYTH MAJOR in England, GAUDRY in Frankreich, SCHWALBE in Deutschland, die erklärten, daß er in die Linie der menschlichen Vorfahren eingereiht werden müßte. Sie wurden jedoch von den Nachfolgern der großen Autoritäten, zuerst M. SCHLOSSER und später W. K. GREGORY, übertönt.

In den letzten Jahren (1947—1949) mußte sich Professor J. HÜRZELER aus Basel, als er sich mit der Untersuchung des Primaten aus dem Eozän (Lutetien) des Elsaß beschäftigte, der in der Nähe von Bouxviller gefunden und jetzt den Namen *Alsaticopithecus leemanni* HÜRZELER trägt, den Untersuchungen der Fossilien auch rezenter Arten zuwenden, um einige Elemente des Baues der niederen Molare dieser Art, als gut entwickelte mésoconide, zu finden, und fand sie ausgerechnet beim *Oreopithecus bambolii* GERVAIS.

Daraufhin mußte er nochmals die Reste des *Oreopithecus* revidieren und er kam zu der Schlußfolgerung (1954), daß es sich hier um einen echten Hominiden und nicht um einen Anthropoiden, d. h. um ein neues Glied der menschlichen Phylogenese handelt. Das wichtigste dabei ist, daß hiermit ein Fehler korrigiert wurde, der unseren fernen Vorfahr ein Jahrhundert lang in Vergessenheit geraten ließ. Noch wichtiger ist, daß im Sommer dieses Jahres in denselben Ligniten

Toskanas, laut Zeitungsmitteilungen, ein komplettes Skelett des *Oreopithecus* durch denselben J. HÜRZELER aufgefunden wurde, der mit eigenen und gespendeten Mitteln die vollkommen unrentable Gewinnung des Lignits, die sonst längst aufgegeben worden wäre, fortsetzte. Jetzt wird man in nicht allzuferner Zukunft mit einer neuen und vollständigen Beschreibung des Skeletts rechnen und sich über die oftmals sonderbaren Wege der Wissenschaft wundern können. G. CHRYPLOFF

Vulkanausbruch auf dem Mond[1])

Leningrad, 12 (TASS). Erscheinungen einer vulkanischen Tätigkeit auf dem Mond wurden von dem Astronomen des Pulkower Observatoriums, Doktor der physikalisch-mathematischen Wissenschaften N. A. KOSYREW, festgestellt. Er war gerade vom astrophysikalischen Observatorium auf der Krim zurückgekehrt, wo er mit dem in der UdSSR größten 50-Zoll-Reflektor astronomische Beobachtungen durchgeführt hatte. Im Gespräch mit einem TASS-Korrespondenten erzählte N. A. KOSYREW folgendes:

„Bis vor kurzem wurde angenommen, daß der Mond ein toter Himmelskörper sei, auf dem keinerlei endogene Prozesse stattfinden. In allen Monographien und Lehrbüchern über Astronomie wird ebenfalls behauptet, daß es auf dem Mond keine vulkanische Tätigkeit gibt. Im vergangenen Jahr jedoch erzielte der amerikanische Astronom ALTER im Observatorium Mount-Wilson (Kalifornien) Aufnahmen von der Oberfläche des Mondes. Sie gaben einige Hinweise über die mögliche Ausscheidung von Gasen, die wie ein Schleier die Umrisse (Einzelheiten) im Innern des Kraters, der den Namen ‚Alfons' trägt, verhüllen.

Dieser Umstand", sagt KOSYREW, „brachte mich auf den Gedanken, den Krater „Alfons" spektralanalytisch zu untersuchen. Sehr günstig zeigten sich hierfür die Arbeitsbedingungen auf der Krim, wo sich ein mächtiges Teleskop befindet. Während der drei Wochen dauernden Beobachtungen konnten etwa 20 Aufnahmen vom Spektrum des „Alfons" gemacht werden. Am dritten November gelang etwa um 4 Uhr Moskauer Zeit eine ungewöhnliche Aufnahme von der zentralen Bergspitze des Kraters, die sich rötlich, stark abgeschwächt in violetten Strahlen abzeichnete. Am gleichen Tage, sechs Stunden danach, nahm die Schärfe der Bergspitze plötzlich auf die Dauer von dreißig Minuten fast um das Doppelte zu. Zu gleicher Zeit erschienen im Spektrum der Bergspitze helle Streifen des Kohlenstoffes und seiner Verbindungen. Danach endete die Erscheinung; die weiteren photographischen Aufnahmen haben den üblichen Zustand des Kraters festgehalten.

Es kann mit voller Berechtigung angenommen werden," sagte der Wissenschaftler abschließend, „daß die beobachtete Erscheinung einen normalen vulkanischen Vorgang auf der Mondoberfläche darstellt."

Der TASS-Korrespondent wandte sich an den Vorsitzenden des Astronomischen Rates der Akademie der Wissenschaften der UdSSR, korrespondierendes Mitglied der Akademie A. A. MICHAILOW, mit der Bitte, sich zu der Entdeckung von N. A. KOSYREW zu äußern.

Diese Beobachtungen", sagte A. A. MICHAILOW, „sind von großem wissenschaftlichem Interesse, insbesondere für die Kosmogonie und die zukünftigen interplanetaren Reisen. Auf Grund einer Voruntersuchung der Spektrogramme bestehen keine Zweifel, daß es sich bei der von KOSYREW entdeckten Erscheinung um einen Vulkanausbruch auf dem Mond handelt. Wir können jetzt die existierende Ansicht, daß die wesentlichen Eigenheiten (Grundzüge) des Mondreliefs durch die auf den Mond fallenden Meteoriten entstanden sind, als vollkommen falsch betrachten. Der Vulkanausbruch zeigt, daß genau wie der Erde auch dem Mond orogenetische, also reliefbildende Vorgänge eigen sind."

[1]) aus „Prawda", Nr. 317, 13. 11. 58

Besprechungen und Referate

BAUMANN, L.

Tektonik und Genesis der Erzlagerstätte von Freiberg (Zentralteil)

„Freiberger Forschungshefte" C 46, 1958, S. 1—208, 4 Anlagen, Preis brosch. 19,50 DM, Akademie-Verlag Berlin.

Bedingt durch den außerordentlich starken Fortschritt in der Untersuchungstechnik von Lagerstätten in den letzten Jahrzehnten wird z. Z. allerorts angestrebt, eine Inventur alles dessen zu machen, was wir über bestimmte, regional abgegrenzte Lagerstätten wissen. Die seit einigen Jahren von dem Lagerstättenausschuß der Gesellschaft Deutscher Metallhütten- und Bergleute organisierte Bearbeitung westdeutscher Blei-Zink-Lagerstätten und die Herausgabe von „Monographien", an denen meist mehrere Wissenschaftler mitarbeiten, verfolgt z. B. dieses Ziel.

Die letzte zusammenfassende Schau der Kenntnisse über das Freiberger Lagerstättengebiet vermittelte uns HERMANN MÜLLER, 1901. Seither beschäftigten sich eine Reihe von Einzelstudien mit den lagerstättenkundlichen Problemen der Freiberger Vererzung, insbesondere wurden von Angehörigen des Mineralogischen Institutes der Bergakademie Freiberg seit 1952 eine ganze Reihe wertvoller Untersuchungen angestellt.

Dr. L. BAUMANN hat es in der uns vorliegenden Arbeit in ausgezeichneter Weise verstanden, wiederum wie HERMANN MÜLLER, sowohl die Einzeldaten als auch die Vorstellungen über den gesamten Ablauf der Vererzung in Freiberg in der Art einer Monographie zusammenzustellen, nach dem durch eigene Untersuchungen insbesondere erzmikroskopischer, chemischer und spektralanalytischer Art die Datensammlung über die Freiberger Mineralisation mit der Neubearbeitung der Roteisen-Barytformation, der Edlen Braunspatformation und der Formation der Edlen Geschicke vervollständigt worden war. Es bleibt das besondere Verdienst des Verfassers, erstmalig eine eingehende Deutung der Spaltenbildungs- und Spaltenöffnungstektonik gegeben zu haben. Die Kenntnis des Verlaufes spaltentektonischer Vorgänge im Zusammenhang mit der Kenntnis des Ablaufes der Mineralisation ist notwendige Voraussetzung, wenn versucht werden soll, die Entstehung der in den „Gangformationen" fixierten Mineralassoziationen zu klären. Aus den Untersuchungen Dr. BAUMANNs ergibt sich zusammenfassend, daß die Freiberger Mineralisationsfolgen des Zentralteiles, welche in der Reihe Kiesig-blendige Bleierzformation, Roteisen-Baryt-Formation, Edle Braunspatformation, Fluorbarytische Bleierzformation und Formation der Edlen Geschicke zeitlich aufeinander folgen, einerseits teufenabhängig auf den Spalten aufsitzen, andererseits aber, da die Spaltenöffnungen im großen Rahmen gleichsinnig gerichtet verlaufen und einem kontinuierlichen Drehsinn von NE—SW nach W—E (entgegengesetzt dem Uhrzeiger) unterliegen, auch eine Abhängigkeit vom Gangstreichen vorhanden ist.

Außerordentliche Sorgfalt verrät die Zusammenstellung der in den Anlagen beigegebenen Gangkarte sowie der Karten, welche die zonale Verteilung der Mineralparagenesen zeigen und jener Darstellungen, die über die Mineralfolgen in Abhängigkeit vom Gangstreichen und von der Teufe orientieren.

Der Arbeit Dr. BAUMANNs ist zu wünschen, daß sie eine weite Verbreitung finden und als Vorbild für künftige lagerstättenkundliche Arbeiten dienen möge. TISCHENDORF

SETTMACHER, O.

Zur Genesis der Graphitlagerstätten — Verschiedene Theorien und ihre Erklärung

„Bergbau Rundschau" Nr. 9, Jg. 10/1958, S. 555—565

Der Autor bringt zunächst eine eingehende historische Schilderung über die Vorstellungen, die man von der Entstehung der Graphitlagerstätten hatte. Er geht dann dazu über, die Entstehung der „Passauer Graphitlagerstätte" zu erläutern. Diesem Absatz entnehmen wir:

„Das Gebiet, welches in der Geologie als „Passauer Graphitgebiet" bezeichnet wird, liegt im südlichsten Teile des Bayrischen Waldes. Es stellt einen riesigen Gneiskomplex, von Gümbel als „herzynische Gneisformation" bezeichnet, dar, der im Süden von der Donau, im Osten von der Landesgrenze gegen Österreich, im Westen von dem Flüßchen Ilz, das bei Passau in die Donau mündet, und im Norden von einer Linie begrenzt wird, die, etwa von Ost nach West betrachtet, über die Ortschaften Germannsdorf und Hauzenberg verläuft.

In dem Gneiskomplex sind eine Reihe von Graphitausbissen bekannt, die sich im Gelände hauptsächlich über

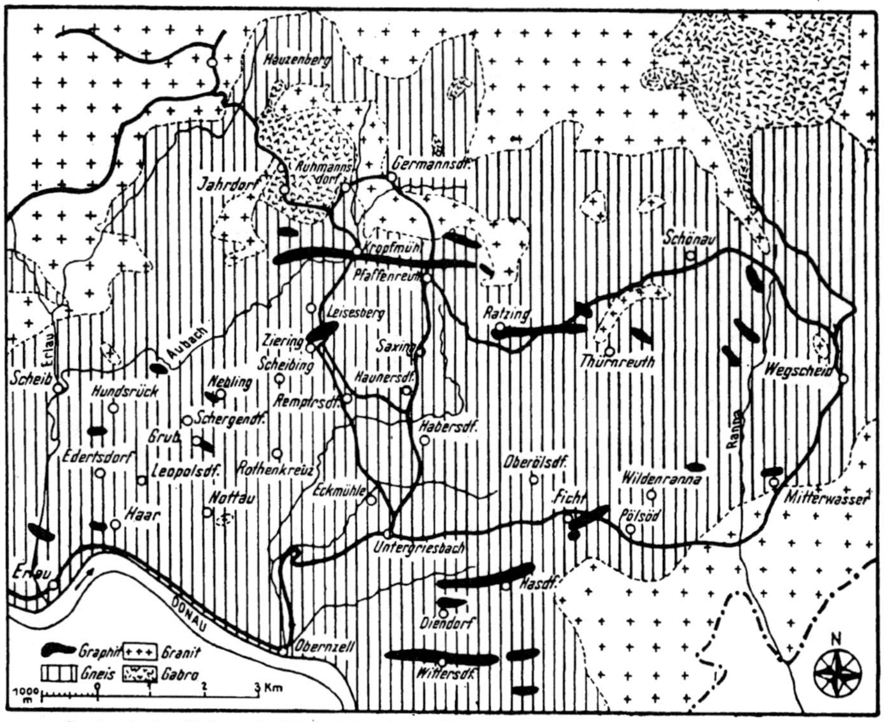

Geologische Skizze des Graphitgebietes von Kropfmühl (nach SETTMACHER).

6 Streifen verfolgen lassen, die, von Osten nach Westen betrachtet, etwa über folgende Ortschaften verlaufen:

1. der südliche Streifen über die Orte Hasdorf—Richtermühl bzw. Diendorf—Scherleinsöd;
2. über Pelzöd (Ficht)—Haar—Schörgendorf;
3. über Mitterwasser—Wildenranna—Oberötzdorf—Paulusberg—Unterötzdorf—Rothenkreuz — Grub — Figermühle;
4. über Kailing (Unterötzdorfer Holz)—Habersdorf—Rampersdorf—Schaibing—Nebling—Aubachmühle;
5. über Kappelgarten—Ratzing—Ziering;
6. der nördlichste Streifen über Pfaffenreuth—Kropfmühl—Wastelmühle.

In den Ausbissen bewegten sich in der Regel die alten Bauerngräbereien. Der am besten aufgeschlossene und bis vor kurzem allein in Abbau stehende Streifen ist der nördlichste (Pfaffenreuth—Kropfmühl). In jüngster Zeit wurden auch neue Schurfarbeiten im südlichen zweiten Streifen (bei Ficht) in Angriff genommen.

Die im Osten, Norden und Westen von Granit umgebenen Gneise des Graphitgebietes sind mit den übrigen injizierten Schiefern des Bayerischen Waldes gleichartig. Sie sind typische Paragneise, die mehrfach metamorphosiert wurden, und zwar durch eine erste (präkambrische) Regionalmetamorphose und durch die varistische Regional- und Kontaktmetamorphose. Das Alter der Sedimente ist algonkisch. In den Gneisen liegen außer den Graphiten noch mächtige Kalklinsen (Eozoon bavaricum), die meist stark metamorph verändert sind.

„Nach den heutigen Erkenntnissen handelt es sich bei der Passauer Graphitlagerstätte um eine metamorphe, primärsedimentäre Ablagerung organischen Ursprungs und flözartigen Charakters. Die Flöze sind konkordant zwischen gleichaltrigen Paragneisen und kristallinen Kalken eingebettet und als bituminöse Ablagerungen vermutlich algonkischen Alters anzusprechen."

Zum Schluß seines Beitrages bringt der Autor eine ausführliche Zusammenstellung der z. Z. bekannten Fundorte des Minerales Graphit, eingeteilt nach den Kontinenten. E.

WIEBOLS, J. H.

Die Witwatersrand-Konglomerate (Südafrika) als Glazialbildung gedeutet

R. v. Klebelsberg-Festschrift der Geologischen Gesellschaft in Wien, Bd. 48/1955 (1957), S. 315—336.

Der Autor veröffentlicht in deutscher Sprache seinen unter dem Titel „A suggested glacial origin for the Witwatersrand conglomerates. By J. H. WIEBOLS, Trans. Geol. Soc. South Africa, vol. LVIII. Johannesburg, 1956" erschienenen Beitrag. Er stellt die Hypothese auf, daß die Witwatersrand-Konglomerate glazialer Entstehung sein könnten, wobei er sich jedoch bewußt ist, „daß für sichere Schlüsse der Stoff noch nicht genügend untersucht worden ist".

Geschrammte Gerölle werden beschrieben, Gesteine als Grundmoränen und Geschiebelehme einer großen kontinentalen Eisdecke gedeutet, und es wird erwähnt, daß „einige, aber keineswegs alle bekannten Tillite auf gletschergeschliffener Tagesoberfläche" aufliegen. Neben den gerundeten Quarzgeröllen treten in den Konglomeraten Tonschieferfragmente auf, die „offensichtlich keine Abrollung erfahren" haben.

Der Uraninit wurde nach dem Autor in Geschiebelehm eingebettet und dadurch vor mechanischer Zerreibung und chemischer Zersetzung geschützt, „und so hat ein großer Teil dieses Minerals den Transport überlebt, kam in frischem Zustand an Ort und Stelle an und konnte so auch die Anreicherungsprozesse, die am Meeresstrand stattfanden, überdauern. Es folgt daraus, daß um so mehr Uraninitkörner erhalten bleiben, je kürzer die Zeit war, während der das Material von der Brandung aufbereitet wurde" (S. 331).

Ausgezeichnet sind die Tafeln, die Gesteine der Grundmoräne im Liegenden des Kimberly Reefs und Warven-Tonschiefer aus dem Liegenden des Main Reef ausweisen sollen. Gesteine dieser Art treten auch außerhalb des Witwaterrandes in größerer Verbreitung in metamorphem Fundament des afrikanischen Kontinents auf. Ihre weitere Erforschung wird ergeben, inwieweit sich die interessante WIEBOLSsche Glazial-Theorie mit den beobachteten Tatsachen in Einklang bringen lassen wird.

e.

AGAFONOW, I.

Die Hauptgasleitungen der UdSSR

„Stroitelnaja Gaseta" vom 2. 7. 1958

Der Autor gibt eine umfassende Übersicht über die wichtigsten Ferngasleitungen.

„Bereits vom Jahre 1959 an wird ein Drittel der Zunahme der gesamten Brennstoffbilanz in der UdSSR auf die Entwicklung der Erdgasindustrie zurückzuführen sein. Während 1955 das Erdgas nur ungefähr 2% der Brennstoffbilanz des Landes ausmachte, wird sein Anteil 1960 bereits 13% betragen! Die Kohle muß weichen. 60 Mrd. m³ Gas entsprechen 90 Mio t Anthrazit vom Donezbecken oder 180 Mio t Kohle aus der Umgebung von Moskau. Gegen Ende des fünften Planjahrfünfts wurden ungefähr 100 Großstädte des Landes, darunter Moskau, Leningrad, Kiew, Tallinn und Baku, mit Gas versorgt. In den Jahren des sechsten Planjahrfünfts werden 200 Städte und Arbeitersiedlungen, Hunderte großer Industriebetriebe und fast alle Hauptstädte der Unionsrepubliken, darunter Minsk, Wilnjus, Riga, Tbilissi, Jerewan, Taschkent und Frunse, Erdgasanschluß erhalten." . . .

„Nachdem die volle Durchlaßkapazität der Erdgasleitung Stawropol—Moskau erreicht sein wird, können die Städte und Arbeitersiedlungen des Landes mit 13,2 Mrd. m³ Erdgas im Jahr versorgt werden, d. h. mit der gleichen Menge, die die gesamte Erdgasindustrie im Jahre 1956 lieferte! Die Hauptstadt unseres Landes wird von dieser Hauptleitung täglich 20 Mio m³ Gas erhalten. Das ist 18mal mehr als die Erdgasleitung Saratow—Moskau liefert. 4 Mrd. m³ Erdgas im Jahr werden von dieser Trasse die Städte Rostow am Don, Nowotscherkassk, Shdanow, Lugansk, Nowo-Pskow, Woronesh, Jelez u. a. erhalten und über 2 Mrd. m³ Leningrad."

Der Bau der Ferngasleitung Serpuchow—Leningrad mit einer Länge von 800 km ist in vollem Gange. Diese Strecke ist eine Verlängerung der Ferngasleitung Stawropol—Moskau.

Von den ukrainischen Gasfeldern werden sich zwei Leitungen großer Durchlaßkapazität nach verschiedenen Richtungen erstrecken, eine davon nach dem NW in Richtung Minsk. Diese 800 km-Hauptleitung wird Minsk, Wilnjus und Riga sowie andere Städte der Ukraine und Bjelorußlands mit Erdgas versorgen.

Die Gasleitung Schebelinka—Odessa wird alljährlich mindestens 6 Mrd. m³ Gas transportieren. Mitte 1957 war der erste Abschnitt von 200 km bis nach Dnepropetrowsk fertiggestellt.

Von 1958—1960 wird die 700 km lange Ferngasleitung von Kara-Dag nach Tbilissi verlegt. Diese transkaukasische Leitung wird in die Industriezentren jährlich etwa 2 Mrd. m³ Gas liefern.

Die erste mittelasiatische Ferngasleitung großer Durchlaßkapazität wird von Dsharkak — über Buchara — Samarkand nach Taschkent führen. Die Leitung wird 800 km lang und bereits 1959 nach Buchara und Samarkand Erdgas liefern.

Durch eine 400 km lange Leitung wird das auf den Erdölfeldern des „Zweiten Baku" anfallende Erdgas von Kasan bis Gorki gefördert werden.

Der Autor beschließt seinen Aufsatz, dem noch viele Einzelheiten über weitere Ferngasleitungen zu entnehmen wären, mit folgendem Ausblick:

„Die vielen Fern- und Ortsgasleitungen werden durch riesige Gebiete des Landes führen und sich zu einem einheitlichen System der Gasversorgung der Städte und Industriezentren vereinigen. Mit jedem Jahr wird dieses Netz durch Tausende von Kilometern neuer Leitungen ergänzt. Das Gas und die Gasindustrie werden eine immer größere Rolle im Leben der Wirtschaft des Landes, bei der Entwicklung der chemischen Industrie, bei der Lösung der ökonomischen Hauptaufgabe spielen — in historisch kürzester Frist die USA in der Produktion von Industrieerzeugnissen pro Kopf der Bevölkerung einzuholen und zu übertreffen."

E.

Von den Braunkohlen und ihren Lagerstätten in der DDR

„Natur und Heimat" 1958, S. 294—297

Das Oktoberheft 1958 von „Natur und Heimat" ist als Sondernummer für Braunkohle erschienen. Das Geleitwort gibt ADOLF HENNECKE mit dem Beitrag „Braunkohle im sozialistischen Plan". Wir entnehmen demselben:

„Zur Zeit werden etwa 90% des gesamten Energieaufkommens unserer Republik in Form von Wärme, Licht und Kraft durch Braunkohle gedeckt. Dieser Anteil wird im Jahre 1965 auf 93% ansteigen. Die Förderung von Braunkohle soll bis 1960 auf etwa 240 Mio t jährlich gesteigert werden, gegenüber 135,6 Mio t im Jahre 1950; in den Jahren 1967/68 wird sie die 300-Millionen-Tonnen-Grenze erreichen. An Elektroenergie müssen, soll der steigende Bedarf der Industrie und Landwirtschaft sowie der der Haushalte für moderne Haushaltsgeräte befriedigt werden, im Jahre 1960 41,5 Mrd. kWh zur Verfügung stehen, d. h. 45% mehr als im Jahre 1955."

In einem Beitrag von HORST wird eine Kartenskizze über die Braunkohlenvorkommen in der DDR im Maßstab 1:1 Mio gebracht. Besonders bemerkenswert ist die folgende, nach dem Alter geordnete Aufstellung über die deutschen Braunkohlenvorkommen:

„Pleistozän: Kleinere Vorkommen im Wesertal.

Pliozän: Oberpliozän: Braunkohlenflöze in der Wetterau (bei Buchenau), Vorkommen im Unter-Maintal zwischen Hanau und Aschaffenburg.

Obermiozän: Sarmat: Oberpfalz (Schwandorf bei Regensburg), Basisflöz der Oberlausitz.

Ober- bis mittelmiozänes Alter: Niederrheinisches Hauptflöz (Ville).

Mittelmiozän: Unteres Torton: Lausitzer Oberflöz. Helvet: Hauptbraunkohlenflöz der Oberlausitz, Forster und Görlitzer Revier (Berzdorf, Olbersdorf), Lausitzer Unterflöz, nach Norden als Formsand-Flözgruppe fortgesetzt.

An der Basis der Helvet-Schichten: 3. Lausitzer Flöz, nach Norden als Quarzsand-Flözgruppe fortgesetzt (Revier von Frankfurt a. O.).

Untermiozän: Braunkohlen in der Rhön, in Oberhessen (Wetterauer Hauptlager), in Niederhessen (Frielendorf), im Westerwald.

Oberoligozän: Chatt: Oberbayrische Pechkohle (Hausham, Penzberg, Peißenberg), 4. Lausitzer Flöz, altersgleich mit dem Vorkommen von Bitterfeld.

Eozän: Mitteleozän: Sächsisch-thüringisches Braunkohlengebiet, Geiseltal, Oberröblingen, Calbe a. S., Aschersleben (Nachterstedter und Königsauer Mulde), Staßfurt-Egeln-Aschersleben-Helmstedter Mulden, Borken und Großalmerode bei Kassel.

Paläozän: Keine Vorkommen bekannt." E.

Nutzbare Lagerstätten in Nordrhein-Westfalen — 1 : 300000

Aus dem Nordrhein-Westfalen-Atlas; herausgegeben von der Landesplanungsbehörde, DM 8,—

Die Karte bringt in verschiedenfarbiger Signierung die Vorkommen der wichtigsten Lagerstätten. Besonders instruktiv ist die Darstellung der Steinkohlenvorkommen, in der die unter das Deckgebirge eintauchenden flözführenden Schichten, gegliedert nach 100-m-Tiefenlinien, mit Störungen, Hauptsätteln und -mulden sowie den bedeutenderen Überschiebungen nach Norden eingetragen sind. Die Förderschächte sind ebenfalls markiert. Die Braunkohlevorkommen sind in der gleichen Weise aber einschließlich der ausgekohlten Gebiete dargestellt. Ferner findet sich das sehr ergiebige Gebiet der Zechsteinsalze am Niederrhein, die Erze und nutzbaren Mineralien mit ihren Fördergruben und mit Hilfe farbiger Punkte die wichtigsten Vorkommen an Steinen und Erden. In einer besonderen Liste am Kartenrand sind sie nach Gewinnungsbezirken und Einzelvorkommen, nach geologischer Formation, Eigenschaften und Verwendung zusammengestellt. In der Nebenkarte 1:500000 wird die Verbreitung der Steine und Erden, bearbeitet vom Geologischen Landesamt Nordrhein-Westfalen, farbig nach den verschiedenartigen Gesteinsarten zum Ausdruck gebracht.

Die Karte „Mineralquellen und Heilbäder" im Maßstab 1:500000 ist eine chemisch- geologische Karte. Es zeigt sich die Armut des altpaläozoischen Rheinischen Schiefergebirges an Mineralquellen, die dafür im Bereich jungvulkanischer Aufbrüche und am Rande des Münsterischen Beckens vom Raffelberg bei Duisburg über Paderborn bis Rheine ebenso wie im Teutoburger Wald, Wiehen- und Wesergebirge auftreten. E.

TREPTOW, O.

Der Störungsgrad von Flözen und Schachtanlagen, ein Versuch seiner Deutung und seiner Kennzeichnung

„Glückauf," H. 37/38, S. 1362ff. vom 13. 9. 58

Dem Bergmann fehlt seit langem eine Ziffer, die ihm ermöglicht, über die sogenannte „Störungshäufigkeit" der Betriebe eine eindeutige, mit anderen Betrieben vergleichbare Aussage zu erhalten. Unter dem Begriff „Störungshäufigkeit" versteht man „das Ausmaß des Einflusses der tektonischen Störungen auf den Betriebsablauf und damit auf das wirtschaftliche Ergebnis eines Betriebes."

Um zu einem wirklich eindeutigen objektiven Wert zu kommen, erachtet es Verfasser für notwendig, zu klären, welche Störungen in einen solchen Kennwert einbezogen werden müssen. So spricht er sich u. a. über die Bewertung der verschiedenen Störungsarten aus und vertritt die Meinung, daß für den Kennwert nur Störungen berücksichtigt werden sollten, die im täglichen Betrieb durchörtert werden müssen. Über die tektonischen Hauptstörungen sowie die Berechnung der tektonischen Elemente gibt er in einer Abbildung eine Übersicht. Autor schlägt vor, den neuen Kennwert als tektonischen Störungsgrad zu bezeichnen. Wie alle sonstigen Kennwerte könnte dieser auf einen Streb, ein Flöz, eine Sohle, eine Schachtanlage und auf einen beliebigen Zeitraum bezogen werden.

DRESSEL

MEYER, H.

Förderkonzentration in Salzgitter

„Rheinischer Merkur", Nr. 37/1958

Das Salzgittererz besitzt wegen seines geringen Eisen- und hohen Kieselsäuregehaltes als Roherz nur geringen Wert. Die Sicherung der Wirtschaftlichkeit des Bergbaues erfordert Abbauverfahren, die hohe Leistungen mit großen Förderkonzentrationen aus wenigen Abbaueinheiten ermöglichen. Weitungs- und Blockbruchbau können ständig weiterentwickelt und den wechselnden Lagerstättenverhältnissen angepaßt werden.

Durch Einsatz leistungsfähiger Maschinen und Einführung neuer Abbauverfahren, vornehmlich jedoch durch die Steigerung der Arbeitsintensität konnte folgende Leistungssteigerung erzielt werden:

Gesamtleistung der Grubenbetriebe in t/Mann und Schicht

Jahr	Leistung	Steigerung
1942	2,2 t	100%
1951	4,8 t	218%
1953	5,1 t	232%
1957	5,6 t	254%.

DRESSEL

MEFFERT, H.

Metallerzbergbau der Bundesrepublik, eine Frage der Romantik?

„Industriekurier" v. 9. 9. 1958, Nr. 137, S. 9

Zahlreiche Metallerzbergbaubetriebe der Bundesrepublik wurden durch Preisverfall unrentabel und wurden geschlossen oder können nur mit staatlicher Unterstützung ihre Produktion aufrechterhalten. Da sich die Preise nach den Notierungen der Londoner Börse richten und die Bundesrepublik der Europäischen Wirtschaftsgemeinschaft (EWG) angehört, mußte untersucht werden, ob und warum die anderen EWG-Länder billiger produzieren.

Die schon seit mehreren Jahrhunderten bebauten Lagerstätten Rammelsberg, Ramsbeck und Maubach-Mechernich gehören heute zu den besten und leistungsfähigsten Gruben der Bundesrepublik und der EWG. Mit einem Metallgehalt von 8—9% Pb, 18—20% Zn, 1,3% Cu und 160 g/t Ag ist der Rammelsberg eine der reichsten Lagerstätten der Welt. Ramsbeck gehört mit einer ausbringbaren Metallmenge von rund 200 kg Blei und Zink/Mann und Schicht, bei einem Gehalt von 7—8% Blei und Zink, zu den leistungsfähigsten Betrieben. Der nach modernsten Gesichtspunkten eingerichtete Tagebaubetrieb auf der Lagerstätte Maubach (im Mittel 2,7% Pb und 0,9% Zn) ist mit einer ausbringbaren Metallmenge von nahezu 300 kg/Mann und Schicht international konkurrenzfähig.

Nach dem PALEY-Report steht die Bundesrepublik mit einem Vorrat von 2 Mio t Blei und 5 Mio t Zink (verwertbarer Metallinhalt) im Weltmaßstab (bei beiden Metallen) an vierter Stelle.

Diese und weitere Untersuchungen zeigten, daß die Metallerzbergwerke leistungsfähig sind und beachtliche Vorräte aufweisen können.

Der Verbrauch an Blei und Zink ist in der Bundesrepublik und in der EWG größer als die Hüttenerzeugung und viel größer als die Bergwerkserzeugung (s. Tab.) in diesen Ländern. Umfangreiche Importe sind notwendig.

Untersuchungen der Preise und Erlöse der Gruben der EWG zeigen, daß erhebliche Unterschiede bestehen. Anfang 1958 betrugen die Preise umgerechnet auf DM/100 kg in:

	Blei	Zink
Frankreich	123,—	107,—
Italien	124,—	102,—
Benelux	85,50	77,—
Bundesrepublik	85,—	73,50
USA	120,50	92,70

Es zeigte sich, daß Frankreich und Italien ihre Bergbaubetriebe, die z. T. bei normalem Wettbewerb nicht mehr bestehen könnten, seit Jahren durch manipulierte Preise, Importzölle, Einfuhrkontingentierungen oder Subventionen stützen. Durch diese Maßnahmen sind die Blei- und Zinkpreise in der Bundesrepublik so stark abgesunken. Da der Staat keinerlei Schutzmaßnahmen für den Bergbau getroffen hat, mußten schon 7 Betriebe stillgelegt und 2700 Arbeitskräfte entlassen werden.

Die stillgelegten Betriebe hatten eine Jahreserzeugung von rund 16000 t Blei und 4500 t Zink.

Um zu vermeiden, daß die Facharbeitskräfte in andere Industriezweige abwandern, werden von der Bundesregierung steuerliche Vergünstigungen und bundesverbürgte Überbrückungskredite gefordert. —pra—

STOCES, B.

Wahl und Beurteilung von Abbauverfahren im Bergbau

(Prinzipien für den Abbau von Lagerstätten)

Ferdinand Enke Verlag Stuttgart, 1958. Mit 275 Abbildungen, 4 Tabellen und 6 Tafeln. XII, 411 Seiten. Preis geheftet DM 43,—, Ganzleinen DM 47,—

In der ganzen Welt ist der Bedarf an Metallen nach wie vor groß und steigt mit der Entwicklung der Technik ständig an. Das erfordert von den Geologen einerseits die entsprechenden Lagerstätten mineralischer Rohstoffe zu erkunden, von den Bergleuten andererseits diese Lagerstätten rationell zu nutzen. Leider sind die oberflächennahen leicht zu erschließenden reichen Lagerstätten größtenteils schon abgebaut, so daß der Bergmann mehr und mehr gezwungen ist, ärmere und schwieriger nutzbar zu machende Lagerstätten in Abbau zu nehmen. Das erfordert, neue Abbaumethoden zu suchen. In den letzten Jahrzehnten wurde in fast allen bergbautreibenden Ländern eine Vielzahl neuer Abbauverfahren entwickelt. In der Fachliteratur erschienen darüber eine Reihe von Einzelarbeiten. Es fehlte jedoch gerade im deutschsprachigen bergmännischen Schrifttum eine zusammenfassende Darstellung über Abbauverfahren.

B. STOCES hat es dankenswerterweise unternommen, diese Lücke in der Montanliteratur zu schließen. In ausgezeichneter Form, durch zahlreiche gut gelungene Illustrationen ergänzt, gibt er nicht nur dem praktisch tätigen Bergmann und all jenen, die unmittelbar mit der bergbaulichen Praxis zu tun haben, grundsätzliche Hinweise, wie Lagerstätten technisch und ökonomisch vorteilhaft aufgeschlossen, ausgerichtet und zum Abbau vorgerichtet werden sollen;

Bergwerkserzeugung, Hüttenerzeugung und Verbrauch von Blei und Zink 1957 in den Ländern der Europäischen Wirtschaftsgemeinschaft (einschließl. der afrikanischen Besitzungen)

Land	Bergwerkserzeugung 1000 t [1])	Bergwerkserzeugung %	Hüttenerzeugung 1000 t	Hüttenerzeugung %	Verbrauch 1000 t	Verbrauch %
Blei						
Bundesrepublik	71,0	27,2	178,0	40,3	181,5	41,3
Frankreich, europ. Gebiet	9,6	3,7	86,0	19,4	124,0	—
Algerien und Äquatorial-Afrika	13,0	—	—	—	—	—
Franz. Marokko	90,0	—	30,0	—	—	—
Tunesien	23,5	—	—	—	—	—
Frankreich gesamt	136,1	52,1	116,0	26,2	124,0	28,2
Belgien	—	—	100,0	—	42,0	—
Niederlande	—	—	10,0	—	40,0	—
Franz.-Marokko	—	—	—	—	—	—
Benelux gesamt	—	—	110,0	24,9	82,0	18,6
Italien	54,0	20,7	38,0	8,6	52,5	11,9
Europ. Wirtsch.-Gem. gesamt	261,1	100,0	442,0	100,0	440,0	100,0
Zink						
Bundesrepublik	128,0 [2])	27,1	185,0	26,4	219,0	40,5
Frankreich, europ. Gebiet	11,0	2,3	132,0	—	150,0	—
Algerien	25,0	—	—	—	—	—
Belg.-Kongo	45,0	—	—	—	—	—
Tunesien	3,5	—	—	—	—	—
Frankreich gesamt	84,5	17,5	132,0	18,9	150,0	27,8
Belgien	—	—	230,0	38,6 (Belgien und Niederlande)	80,0	—
Niederlande	—	—	30,0		23,5	—
Belg.-Kongo	125,0	26,2	47,0	—	—	—
Benelux gesamt	125,0	26,2	307,0	44,0	103,5	19,1
Italien	139,0	29,2	75,0	10,7	67,0	12,6
Europ. Wirtsch.-Gem. gesamt	476,5	100,0	699,0	100,0	539,5	100,0

1) Metallinhalt
2) einschl. Metallinhalt der Schwefelkiese

Zahlenangaben: Metallgesellschaft, z. T. geschätzt
Stand 1. März 1958

er gibt auch der studentischen Jugend der Montanwissenschaften einen Überblick über die zahlreichen bergtechnischen Möglichkeiten für die Gewinnung mineralischer Rohstoffe.

Im Abschnitt I — Beurteilung eines Abbauverfahrens — wird in Form eines Fragebogens eine Anleitung für eine zweckmäßige Wahl des Abbauverfahrens gegeben.

Im Abschnitt II — Wahl des Abbauverfahrens — wird die Frage beantwortet, ob im Tagebau oder Tiefbau abgebaut werden soll. In den im Anhang beigefügten Tafeln I—VI ist ein Schlüssel gegeben, nach welchem für die gegebenen Verhältnisse das zweckmäßigste Abbauverfahren gewählt werden kann.

Unter III — Systematik der Abbauverfahren — werden die Bauformen charakterisiert und eine Einteilung der Abbauverfahren gegeben. Der Verfasser bringt unter diesem Kapitel auch eine Übersicht über die amerikanische Einteilung der Abbauverfahren.

Im Abschnitt IV — Die wichtigsten Eigenschaften der einzelnen Abbauverfahren. Die Bedingungen für deren Anwendung — untersucht der Verfasser von jedem Abbauverfahren die Anwendungsbedingungen, die Vorzüge und Mängel, die Wirtschaftlichkeit und andere Fragen wie Abbauverluste, Arbeitsschutz usw. Jedes Abbauverfahren ist durch schematisierte Abbildungen übersichtlich illustriert. Am Schluß dieses Abschnittes wird in Form von Tabellen die Reihenfolge der Abbauverfahren, geordnet nach den wichtigsten Eigenschaften, dargestellt.

Im Abschnitt V — Inhalt der Lagerstätte. Kritischer und Grenzgehalt. Geographische Lage und Marktverhältnisse. Zur Verfügung stehende Kapitalmenge — geht STOCES auf eine Reihe von Faktoren ein, die ebenfalls die Wahl eines Abbauverfahrens bestimmen. So „gehört zur ersten Aufgabe der Untersuchung eines neuen Vorkommens, die Zusammensetzung der Lagerstättenfüllung zu erforschen und den prozentualen Inhalt des nutzbaren Minerals festzusetzen" (S. 166/167).

Unter VI — Untersuchung, Aufschluß, Ausrichtung, Vorrichtung — Einteilung der Lagerstätte in Sohlen, Bauabschnitte, Blöcke — werden u. a. folgende Probleme behandelt:

Zweck und Bedeutung der Untersuchungsarbeiten; grundlegende Regeln für die Einteilung der Lagerstätten; Rückbau und Vorwärtsbau; Grundsätze bei Durchführung der Aufschluß-, Ausrichtungs- und Vorrichtungsarbeiten; der Einfluß der Gebirgseigenschaften auf die Herstellungskosten und die Geschwindigkeit des Fortschrittes beim Auffahren von Strecken und Abteufen von Schächten; wann soll man einen senkrechten und wann einen tonnlägigen Schacht wählen?

Im Abschnitt VII — Die wichtigsten Grundsätze bei der Wahl des Abbauverfahrens — werden auf rund 150 Seiten all die Faktoren diskutiert, die für das jeweilige Abbauverfahren von Bedeutung sind, so u. a.: Einfluß der Mächtigkeit und des Einfallens sowie der Tiefe der Lagerstätte; Einfluß des Daches auf Lage, Form und Größe der Abbaue; Ausbringen; Anfahrt zum Abbau; Materialverbrauch Versatz der abgebauten Räume; Bewetterung des Abbauraumes; die Möglichkeit, bei Änderung der geologischen Verhältnisse auf ein anderes Abbauverfahren überzugehen.

Der Abschnitt VIII — Abförderung des Fördergutes — gibt Auskunft über: Einfaches Laden, Abbauförderung, Förderung in söhligen und einfallenden Grubenstrecken, Lokomotivantrieb, gleislose Gruben. Es wird auch eine Beschreibung und Gegenüberstellung verschiedener Förderarten gegeben. Zahlreiche schematische Abbildungen lockern dieses Kapitel auf.

Ein kurzer Nachtrag, ein Literaturnachweis und ein Sachverzeichnis schließen das in jeder Hinsicht gelungene Standardwerk des Bergbaus ab. Die Darlegung der vielen Einzelheiten erfolgte in wissenschaftlich-gründlicher, gut gegliederter und aufgelockerter Form, so daß die Fülle der aufgeworfenen Probleme den Leser nicht erdrückt.

Man kann B. STOCES zu diesem Buch beglückwünschen und es allen im Bergbau und bei der bergmännischen Erkundung von Lagerstätten tätigen Fachkollegen empfehlen.

H. ULBRICH

Climatologie —
Problèmes des régions tropicales humides —
L'étude de la végétation tropicale

Organisation des Nations Unies pour l'education, la science et la culture, Paris 1958

Die 3 Sammelwerke wurden von der UNESCO Anfang 1958 herausgegeben. Aus der Fülle der mitgeteilten Beobachtungen, die vorwiegend Fragen der Vegetation betreffen, seien nur einige Beiträge herausgehoben, die besonders deutlich den Zusammenhang zwischen Vegetation, Böden und geologischem Unterbau erkennen lassen.

E. ERIKSSON (Le climat chimique et les sols salins dans la zone aride (1) S. 163—198) bringt eingehende Angaben über die Atmosphäre und ihre Schwebepartikel, deren Eindringen in die Böden, über die jährliche Zirkulation von Chlor und Schwefel zwischen den Kontinenten und Ozeanen und über die salzhaltigen Böden der verschiedenen ariden Gebiete, wie sie in Abb. 1 dargestellt sind.

DEACON, E. L., PRIESTLEY, C. H. B. & SWINBANK, W. C. (Evaporation et bilan hydrique (1) S. 9—39) beschäftigen sich eingehend mit der Verdunstung auf der Erdoberfläche unter verschiedenen klimatischen Verhältnissen und mit der Wasserbilanz unseres Planeten und seiner einzelnen Regionen. Meßgeräte und Meßverfahren werden beschrieben. Dieser Beitrag zeichnet sich ebenso wie die übrigen in den 3 Sammelwerken zusammengestellten Aufsätze durch ein sehr ausführliches, die letzten Arbeiten umfassendes Literaturverzeichnis aus.

Auch in dem zweiten Band, der 6 Beiträge aus dem Amazonasgebiet, Südasien, Zentralafrika und den Philippinen enthält, wird an zahlreichen Stellen auf die Zusammenhänge zwischen Böden und Vegetation hingewiesen. Ein Beispiel gibt die Abb. 2, die dem Beitrag von F. C. CAMARGO „Report on the Amazon region" entnommen ist.

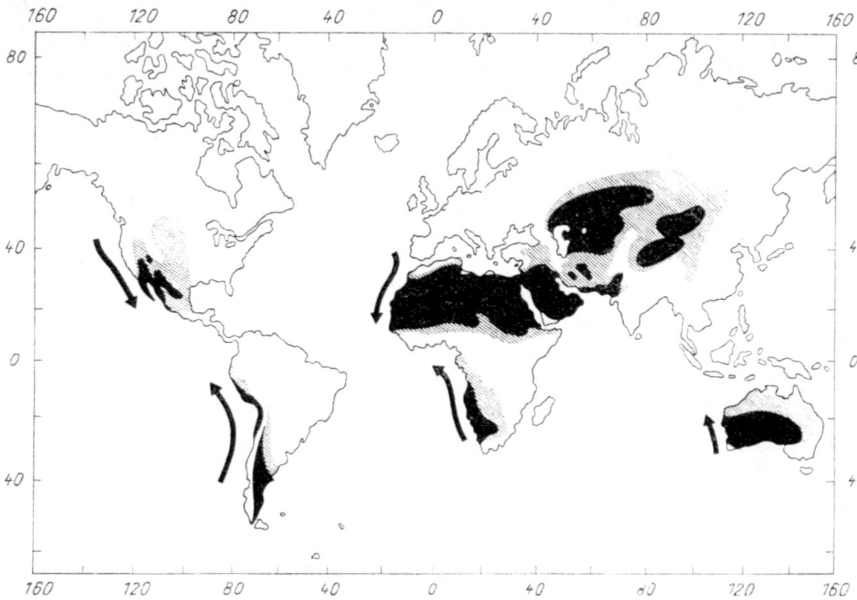

Abb. 1. Die ariden und semi-ariden Gebiete der Welt (nach ERIKSSON 1958)
Schwarz: arid (Wüsten); schraffiert: semi-arid (Halbwüsten); Pfeile: kalte Meeresströmungen

Zur Beurteilung der Abhängigkeit zwischen dem Wasserhaushalt der Böden, ihrer landwirtschaftlichen Nutzbarkeit, der Bewässerungsmöglichkeiten usw. geben die Aufsätze wertvolle Hinweise. Das gleiche gilt für die 32 Berichte, die im dritten Band über das Kolloquium in Kandy (Ceylon) berichten, das vom 19.—21. 3. 1956 stattgefunden hatte. Alle 3 Sammelwerke bringen dem Bodenkundler, der in ariden oder humiden tropischen Gebieten oder über sie zu arbeiten hat, eine Fülle von Beobachtungsmaterial und zahlreiche wichtige Anregungen. E.

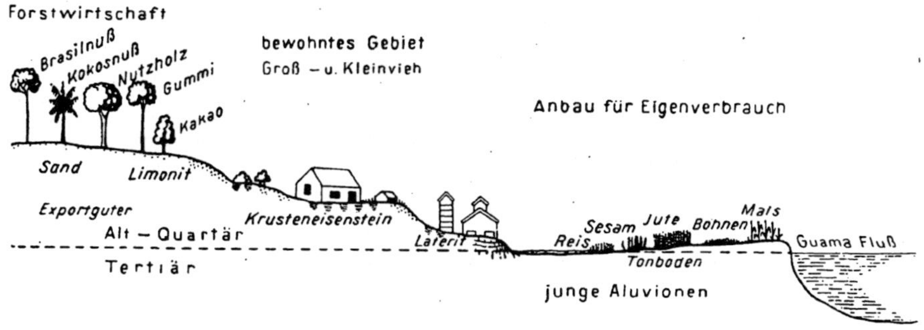

Abb. 2. Profil durch den Guama Fluß, sein Überschwemmungsgebiet und den es begrenzenden Hochuferrand (nach CAMARGO 1958)

Nachrichten und Information

Die Chemisierung der Produktion in der UdSSR

In der „Prawda" vom 13. 8. 1958 berichtete der bekannte sowjetische Wirtschaftswissenschaftler Prof. A. AREKELJAN zu obigem Problem u. a.:

1 t Kunststoff kann im Durchschnitt 3 t Buntmetall ersetzen. Außerdem vermindert sich der Arbeitsaufwand für ein Maschinenteil, das anstelle von Metall aus Kunststoff gefertigt wird, auf ein Drittel bis ein Achtel. Bei der Herstellung von Kunstseide beträgt der Aufwand an gesellschaftlich notwendiger Arbeit nur den zehnten Teil im Vergleich zur Naturseide.

Die Investitionen für die chemische Industrie liegen um 68% höher als 1957 und stehen dadurch mit an erster Stelle der Investitionen aller Industriezweige.

Die Standorte der neuen Betriebe werden durch die vorhandenen Roh- und Grundstoffe bestimmt. So entsteht im Gebiet Kuibyschew ein moderner chemischer Großbetrieb für synthetischen Kautschuk, dessen Rohstoffbasis die benachbarten baschkirischen Erdölfelder sein werden. Im Gebiet von Minsk wird u. a. ein Werk zur Herstellung von Paraffin errichtet. Das Torfinstitut der Bjelorussischen Akademie der Wissenschaften hat für diesen Betrieb ein neues technologisches Verfahren ausgearbeitet, das dem künstlichen Torf-Paraffin die gleichen Eigenschaften des natürlichen Wachses sichert.

In Jakutien sind bei dem kleinen Ort Taas-Tumus große Erdgasvorkommen entdeckt worden, deren festgestellte Vorräte bereits mehrere Dutzend Milliarden Kubikmeter betragen. Es soll dort ein Verarbeitungsbetrieb für Flüssiggase errichtet werden. Bei einer Jahresgewinnung von 1 Mrd. m^3 Rohgas sollen jährlich bis zu 115000 t Benzin bester Qualität und bis zu 25000 t Dieselkraftstoff produziert werden. Außerdem werden große Mengen eines Propan-Butan-Gemisches anfallen, die in flüssigem Zustand in leicht transportablen Ballons an Haushalte und andere Verbraucher als besonders ergiebiger Brennstoff geliefert werden.

Die Kosten für Benzin aus Erdgas werden sich pro Tonne auf nicht mehr als 300 Rubel belaufen, während jetzt noch 1219 Rubel bezahlt werden müssen. Man hat berechnet, daß durch die Verarbeitung von 1 Mrd. m^3 Erdgas in Jakutien pro Jahr 250 Mio Rubel eingespart werden können. Die Investitionen für den Aufbau des beabsichtigten Industriebetriebes belaufen sich auf ca. 500 Mio Rubel; sie wären also in 2 Jahren amortisiert. E.

Rohstoffbasis der Chemisierung in der ČSR

Einem Beitrag von JAROSLAV PELC „Die Entwicklung der chemischen Industrie beschleunigen" in „Plánované hospodárstvi", Prag, Nr. 6/7, 1958, entnehmen wir:

„Die Benutzung der günstigsten Rohstoffbasis (Erdöl-Kohlenwasserstoffe) wurde insbesondere durch die rasche Entwicklung der sowjetischen Erdölindustrie und durch langfristige Verträge über die Lieferung bedeutender Rohölmengen aus der Sowjetunion gewährleistet. (Während in den Jahren 1945 bis 1954 die Möglichkeiten für den Import sowohl von Rohöl als auch von Destillationsprodukten begrenzt waren, weil sich auch die einheimische Produktion von Destillaten in erster Linie auf die Erweiterung der relativ kostspieligen Kohleverarbeitung in den Stalinwerken orientierte, stützt sich unsere Produktion von Destillaten seit 1955 in erster Linie auf sowjetisches Rohöl, und in Zukunft wird mit einer ausgedehnten Verwendung von Rohöl für Heizzwecke gerechnet.)

Die Entwicklung der Kokschemie und das Vorhandensein genügender Rohölmengen schaffen eine äußerst günstige und breite Rohstoffgrundlage für die weitgehende Entwicklung der organischen Synthese, d. h. für die Massenproduktion von synthetischem Kautschuk, von Plasten aller Art, von synthetischen Fasern, von Teerfarbstoffen, von Lösungsmitteln, von Weichmachern usw.

Da in den anderen sozialistischen Ländern weitaus günstigere ökonomische Voraussetzungen für die Erzeugung und Förderung von Kalisalzen, Phosphaten, Schwefel, kalzinierter Soda, Salz sowie anderen mineralischen Rohstoffen und anorganischen Erzeugnissen bestehen, orientieren wir uns in diesen Fällen im Rahmen der internationalen Arbeitsteilung auf den Import aus diesen Staaten. Die bisherige Entwicklung der Zusammenarbeit mit den sozialistischen Staaten auf dem Gebiet dieser wichtigsten anorganischen Rohstoffe und Erzeugnisse bestätigt voll und ganz die Richtigkeit dieser Konzeption.

Ein neuer Betrieb zur Erzeugung von Stickstoffdünger auf der Basis von Erdgas in der Slowakei, mit dessen Bau im Jahre 1958 begonnen wurde, sowie die Intensivierung der Produktion in den vorhandenen Stickstoffdüngerbetrieben ermöglichen eine derartige Produktionssteigerung, daß die Anforderungen der Landwirtschaft völlig aus einheimischen Quellen befriedigt werden können.

Die ČSR besitzt eine ausreichende Rohstoffbasis insbesondere für die Entwicklung der organischen Synthese und die Erzeugung hochmolekularer Stoffe (Plaste, synth. Kautschuk, synth. Fasern, Farbstoffe usw.), die fehlenden Rohstoffe können im wesentlichen im Rahmen der internationalen Arbeitsteilung der sozialistischen Länder beschafft werden." E.

Petrochemie im Vormarsch

Den „Basler Nachrichten" vom 20. August 1958, Nr. 348, entnehmen wir:

„Azetylen wird jetzt auch in wachsendem Maße aus Erdgas entwickelt. Bis 1945 wurde es fast ausschließlich aus Kalziumkarbid durch unvollkommene Verbrennung von Kohle in einem elektrischen Lichtbogenprozeß gewonnen. Erdgas gewinnt auch in der anorganischen Chemie als Rohmaterial für die Herstellung von Ammoniak und stickstoffhaltigem Dünger an Boden. Rund 90% der gesamten Erzeugung von Ammoniak in den USA beruhen jetzt auf Erdgas. Terylen, Orlon, Akrilan — einige der neuen vollsynthetischen Textilfasern — sind (wie auch andere Faserstoffe) von vornherein ausschließlich aus Erdöl-Ausgangsstoffen erzeugt worden.

Erdöl-Kohlenwasserstoffe haben einen wichtigen Vorteil vor anderen Ausgangsstoffen der chemischen Erzeugung, weil ihr Wasserstoff-Kohlenstoffwertverhältnis viel besser den Bedingungen in der Erzeugung von organischen Chemikalien entspricht als zum Beispiel das Verhältnis in der Kohle, die zu wenig Wasserstoff enthält. Chemikalien können außerdem billiger aus Erdöl, Raffineriegasen und Erdgas als aus anderen Rohmaterialien gewonnen werden. Schwierigkeiten in der Deckung des schnell wachsenden Bedarfs an petrochemischen Ausgangsstoffen treten jetzt infolge der Nachkriegs-Ausdehnung von Erdöl-Verarbeitungsanlagen in allen wichtigen Ländern, der sich die Entwicklung der Erdgasförderung zugesellt, nicht mehr auf. Alle modernen Raffinerien und Erdgas-Verarbeitungsanlagen sind Erzeuger von chemischen Rohmaterialien. Bisher haben sich nur in sieben Ländern (ohne die Sowjetunion), nämlich in den USA, Kanada, Großbritannien, Westdeutschland, den Niederlanden, Frankreich und Italien, petrochemische Großindustrien entwickelt. In Belgien, Dänemark, Australien, Brasilien, Japan und Venezuela sind Anlagen begrenzten Umfanges entweder vor kurzem fertiggestellt worden oder stehen vor der Eröffnung des Betriebs. Aus Österreich, Portugal, Persien, Irak und Pakistan wird gemeldet, daß Anlagen für die nächste Zukunft geplant sind. Beinahe 50% der Erzeugung von Petrochemikalien in Westeuropa wurden 1957 von Großbritannien und mehr als 25% durch Westdeutschland bestritten. Die Kompliziertheit petrochemischer Prozesse läßt sich leicht aus der Tatsache ablesen, daß selbst führende Erdölkonzerne in wichtigen Ländern lange Zeit gebraucht haben, um diesen Zweig ihrer Tätigkeit aufzubauen."

E.

Der estnische Ölschieferbaum

Nachstehend publizieren wir eine Darstellung der Verarbeitung des estnischen Ölschiefers, die wir der Zeitung „RAHVA HÄÄL", Tallinn, entnommen haben. Dieser „Ölschieferbaum" ist insofern besonders interessant, weil er deutlich zeigt, welche Produkte bei der chemischen Verarbeitung von Kohle, Ölschiefer, Erdöl und Erdgas als Mineralöle und welche als petrochemische Erzeugnisse bezeichnet werden.

Bis 1948 wurden die Ölschiefer nur verschwelt, und es wurden im allgemeinen die gleichen Produkte gewonnen, die auch bei der Raffinierung von rohen Erdölen anfallen. Ab 1948 setzte nun die Weiterverarbeitung ein, und damit wurden die Produkte hergestellt, die man in den USA und anderen erdöl- und erdgasreichen Ländern als „petrochemische" Erzeugnisse zu bezeichnen pflegt. Es ist zu hoffen, daß in Kürze eine bessere als die bisherige Nomenklatur gefunden wird und daß die beiden bisher voneinander getrennten Gruppen genauer definiert werden und entsprechende Bezeichnungen erhalten.

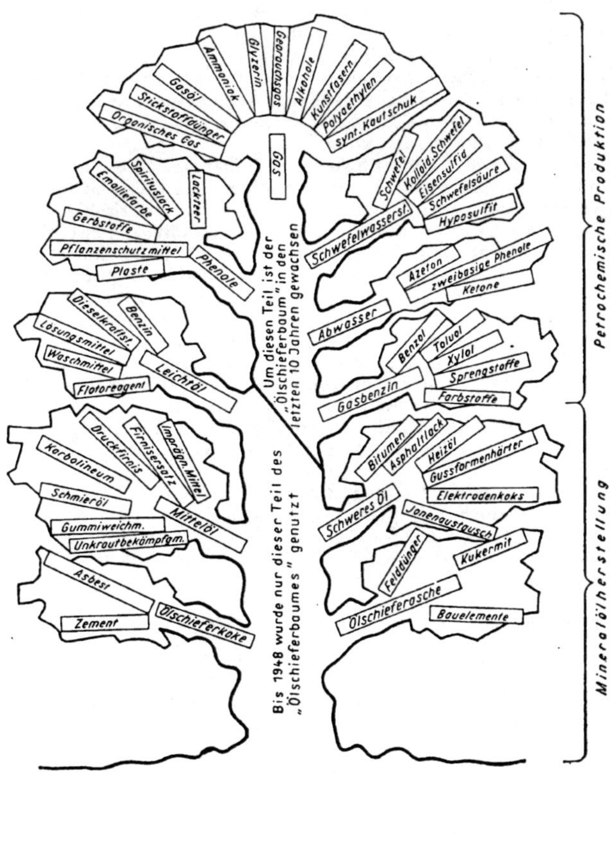

Wie der Ölschieferbaum deutlich macht, ist die Bezeichnung „petrochemische" Erzeugnisse nicht günstig, da sowohl Produkte, die auf Kohlen- wie auf Erdölbasis hergestellt werden, unter diese Bezeichnung fallen, wie auch Erzeugnisse aus Ölschiefer und Erdgas.

E.

Erdöl, Erdgas in Bayern

Bisher wurden mit einem Aufwand von 70 Mio DM in Bayern 95 Aufschluß-, Erweiterungs- und Produktionsbohrungen niedergebracht, von denen 12 auf Erdöl, 25 auf Erdöl/Erdgas und 29 auf Erdgas fündig wurden. Die Gesamttiefe aller Bohrungen beträgt rd. 220000 m.

Für die weiteren Untersuchungen sind gegenwärtig 10 geophysikalische Meßtrupps und 14 schwere Bohranlagen eingesetzt. Bisher wurden in Bayern 83600 t Erdöl gefördert. Die Vorräte an Erdgas im Raum von Isen und Ampfing im Kreis Mühldorf werden mit rd. 1,5 Mrd. Nm^3 angenommen. Bisher wird aus 6 Sonden Erdgas gefördert. Die Stadtwerke München beziehen täglich etwa 250000 m^3 Erdgas und die zum Stadtbezirk Landshut gehörenden Werke in Moosburg 70000 m^3/Tag.

Das Erdgasfeld Isen im Kreis Mühldorf steht bezüglich seiner Förderung hinter den Gasfeldern von Rehden und Bentheim an dritter Stelle in der Bundesrepublik, hinsichtlich seines Methangehaltes aber an der Spitze.

Im Oktober 1958 wurde die Aufschlußbohrung Wolfersberg 1, etwa 20 km südöstlich von München, in rd. 2950 m Tiefe auf Erdgas fündig. Gleichzeitig wurde eine Bohrung bei Murnau mit Öl und Gas in der gefalteten Molasse fündig. Man erwartet, daß diese beiden neuen Funde weitere praktische Erfolge nach sich ziehen werden.

E.

Erdölfunde bei Karlsruhe

Die Aufschlußbohrung Neureut 4, die etwa 6 km nordwestlich des Stadtzentrums von Karlsruhe liegt, ist fündig geworden. Bei einem Fördertest erbrachte die Sonde eine eruptive Anfangsproduktion aus 851—833,5 m Tiefe von 10—12 m^3 Leichtöl täglich durch eine 3-mm-Düse.

E.

Erdgasauswertung in Rumänien

Im „Neuer Weg" (Bukarest) vom 27. 9. 58 erschien von S. SIGARTAU ein Beitrag „Erdgas — eine der Grundlagen der chemischen Industrie."

Wir entnehmen diesem Beitrag, daß Erdgas der billigste Rohstoff für die Herstellung von Plasten, Kunstfasern und Stickstoffdünger ist. „Für die Förderung von Erdgas werden nur ein Achtel bis ein Zehntel der für entsprechende Mengen Kohle und ein Drittel der für Rohöl erforderlichen Mittel verausgabt."

In der Erdgasförderung steht Rumänien an vierter Stelle in der Welt. Der Methangehalt der siebenbürgischen Erdgasvorkommen erreicht 99,5—99,8%. Seit 1950 werden auf Erdgasbasis wichtige Produkte, wie Ruß und Ammoniak gewonnen. In letzter Zeit wird in der chemischen Industrie Erdgas auch zur Gewinnung von Formaldehyd und Harnstoff verwendet, die in Aminoplaste verwandelt werden. Aminoplaste dienen zur Herstellung von Massenbedarfsgütern und porösen Stoffen sowie von Isolierstoffen. In letzter Zeit wurden Versuche durchgeführt, um aus Erdgas Azetylen zu gewinnen; zu diesem Zweck wurden zwei Anlagen zur Erzeugung von Azetylen durch Kracken und durch Teiloxydation gebaut. Diese Anlagen liefern Azeton, Essigsäure, Azetataldehyd und Polyvinylazetat, die zur Erweiterung der Produktion von Plasten, Lösungsmitteln und Weichmachern dienen.

In dem Kunststoffwerk Savinesti soll auch die synthetische Rolan-Faser aus Akrylnitrilen erzeugt werden, deren Ausgangsstoff Erdgas ist. Diese Kunstfaser zeichnet sich durch besondere Widerstandsfähigkeit aus und ersetzt in verschiedenen Mischgeweben die Wolle.

E.

Aus der argentinischen Erdölindustrie

Zur Entwicklung der Erdölindustrie wurden eine Anzahl Vereinbarungen mit ausländischen Gesellschaften abgeschlossen. Präsident FRONDIZI erklärte dazu, Argentinien habe 1957 bei einem Gesamtverbrauch von 14 Mio m^3 10 Mio importiert, „obgleich Erdölreserven vorhanden sind, die bedauerlicherweise nicht genutzt werden". Die erwähnten Vereinbarungen beinhalten im wesentlichen die Erschließung neuer Vorkommen, die Errichtung der entsprechenden

Anlagen, die Lieferung von Material für die Erdölindustrie u. ä. Die ausländischen Vertragspartner sind eine Reihe USA-, belgischer und auch westdeutscher Firmen. Das Abkommen mit der „Panamerican International Oil Co“ (Standard Oil) hat schon die Form eines konkreten Vertrages angenommen, der u. a. 50 Bohrvorhaben im ersten Jahre, 100 im nächsten Jahr in einem bestimmten Gebiet Argentiniens, den Bau einer Pipeline usw. vorsieht. Das von der Gesellschaft geförderte Erdöl wird der argentinischen Regierung zu einem festgelegten Preis überlassen, der z. T. in argentinischer Währung beglichen wird. FRONDIZI betonte ausdrücklich, der Staat behalte sich alle Rechte auf die höffigen Gebiete vor, es würden keine Konzessionen an private Unternehmen vergeben werden. Die Verträge werden mit der staatlichen „YPF“ abgeschlossen, die im Laufe der nächsten Jahre zu einem modernen Unternehmen umgestaltet werden wird, das 1961 bereits 16 Mio m^3 Erdöl produzieren soll.

Das Angebot der UdSSR, Erdölausrüstungen für 100 Mio US-$ zu liefern, wurde angenommen und eine Delegation ernannt, die zur Realisierung der Verträge demnächst in die UdSSR reisen wird. Wichtig ist, daß diese Lieferungen von Ausrüstungen durch traditionelle Exportprodukte bezahlt werden. Zu den gleichen vorteilhaften Bedingungen wurde vor einigen Wochen auch ein Vertrag über Lieferungen von 1 Mio t Erdöl mit der UdSSR abgeschlossen. E.

100 Jahre Steinkohlenbergbau an Rhein und Ruhr

In der Septemberausgabe 1958 des „Industrie-Kurier“ erschienen unter dem Titel „100 Jahre Steinkohlenbergbau an Rhein und Ruhr“ einige Artikel, von denen zwei an dieser Stelle behandelt werden sollen.

Ein Aufsatz beschäftigt sich mit der volkswirtschaftlichen Bedeutung des Steinkohlenbergbaues.

In Westdeutschland ist die Steinkohle der wichtigste Energieträger. Erdöl und Erdgas liefern keinen wesentlichen Beitrag zum Energiehaushalt. Die Wasserkraft spielt ebenfalls nur eine bescheidene Rolle. Die Kohlenlagerstätten als wesentlichster natürlicher Energieträger sichern in der heutigen Größenordnung noch eine Produktion für mehrere hundert Jahre. Die abbauwürdigen Reserven bis zu einer Teufe von 1500 m werden auf insgesamt 90 Mrd. t geschätzt. 1957 entfielen über 75% der Gesamtgewinnung von Primärenergie in Westdeutschland auf die Steinkohle; rechnet man die Braun- und Pechkohle hinzu, sind es 92%. Im zunehmenden Maße wird Steinkohle als Edelenergie abgegeben. Die Abgabe der umgewandelten Produkte stieg von 1950—1957 um 67—129%, während sich der Verbrauch von nichtumgewandelter Steinkohle im gleichen Zeitraum nur um 5% erhöhte.

Frau Prof. Dr. M. TH. MACKOWSKY äußert sich in einem anderen Artikel über Mineralogie und Petrographie im Kohlenbergbau. In den letzten 25 Jahren wurde es immer notwendiger, die Kohle mit den in der Mineralogie und Petrographie gebräuchlichen Methoden zu untersuchen. Hauptgrund hierfür ist, daß die Kohle als ein Gestein aufzufassen ist, welches aus verschiedenen Bestandteilen besteht, wobei sich die Bestandteile eindeutig in ihren chemischen und physikalischen Eigenschaften unterscheiden. Die Mazerale entsprechen etwa den Mineralien der Gesteine. Der verschieden große Anteil der einzelnen Mazerale am Gesamtaufbau der Kohle beeinflußt z. B. sehr maßgeblich ihre technoskopischen Eigenschaften. Bei der mikroskopischen Untersuchung der Kohle zeigt sich auch, daß die in ihr vorkommenden Mazerale in bestimmten Vergesellschaftungen auftreten, die man Streifenarten oder Mikrolithotypen nennt.

Auch wenn die Probe in feinkörniger Form vorliegt, kann der Kohlenpetrograph die verschiedenen Mazerale und Streifenarten quantitativ analysieren. Oft ist es erst mit Hilfe dieser Werte möglich, die Ergebnisse der chemischen Analyse zu verstehen. Durch mikroskopische Untersuchungen konnte man feststellen, daß sich z. B. das Aussehen der Mazerale einer Gasflammkohle wesentlich vom Aussehen der Mazerale einer Fettkohle oder eines Anthrazits unterscheidet. Besonders wichtig erscheint, daß sich mit fortschreitender Inkohlung die chemischen und physikalischen Eigenschaften der Kohle nicht immer gleichsinnig verändern. Die Bedeutung der mikroskopischen Untersuchung für die Praxis wird dadurch beleuchtet, daß auch die Natur, Menge und Art der Verwachsung der in der Kohle vorhandenen Mineralsubstanz festgestellt werden kann, wodurch eine Beurteilung über die Aufbereitbarkeit möglich ist. Mikroskopische Untersuchungen sind weiter im Rahmen der Silikoseforschung und der Staubbekämpfung wichtig. Hier kommt es besonders auf eine genaue Quarzbestimmung an. Endlich setzen manche Fragen der Kesselwirtschaft auch eine genaue Kenntnis der mit der Kohle verwachsenen Mineralsubstanz voraus. Für solche Probleme reicht jedoch vielfach die Mikroskopie nicht aus.

Ds

Erweiterung der Kokskohlenbasis

W. REERINK, Essen, veröffentlichte in „Handelsblatt — die technische linie“ Nr. 16 vom 17. 9. 1958, S. 8, einen aufschlußreichen Beitrag „Die Kokskohlenbasis entscheidend verbreitert“. Der Autor setzt sich dafür ein, daß die Kokskohlenbasis dadurch verbreitert wird, daß man mehr als bisher Kohlen, die sich nicht direkt verkoken lassen, durch geeignete Mischungen verkokbar macht. Er unterscheidet daher zwischen „natürlichen“ Kokskohlen (das sind also die Fettkohlen mit einem Gehalt von 20—28% flüchtigen Bestandteilen) und „künstlichen“ Kokskohlen (das sind verschiedenartige Gemische aus Gaskohlen, Fettkohlen und Magerkohlen).

„Im weiteren Sinne sind entsprechend dem Internationalen Klassifikationssystem für Steinkohle nicht nur die Kohlen der Gruppe V_B, V_C und V_D als Kokskohlen zu werten, die in den verschiedenen Revieren der Montanunion auch im großen Maße als Zumischkomponente zur Verkokung herangezogen werden. Die beispielsweise an der Saar und auch in Lothringen eingesetzten Kohlen sind solche der Gruppen V_C und V_D mit einem höheren Gehalt an „flüchtigen Bestandteilen“, bei deren Verkokung zur Herstellung eines festen und grobstückigen Kokses schon besondere aufbereitungs- und verkokungstechnische Maßnahmen getroffen werden müssen. Man kann hier in vielen Fällen schon von der Verkokung „künstlicher Kokskohlen“ sprechen. Bei den amerikanischen Importkohlen handelt es sich ebenfalls überwiegend um künstliche Kokskohlen, da die USA nur über sehr wenig echte Fettkokskohlen verfügen.“ . . .

„Bei der Zerkleinerung der Kohle auf die für die Verkokung erforderliche Korngröße werden bevorzugt die weichen Anteile der Kohle aufgemahlen, während die gröberen Anteile vielfach nicht ausreichend zerkleinert werden. Nun besitzen in der Regel gerade diese gröberen Anteile schlechte Verkokungseigenschaften und führen bei der Verkokung zu Schwächestellen im Koks, die zum Aufreißen des Kokses führen und so die geforderten mechanischen Eigenschaften entscheidend nachteilig beeinflussen. Auf Grund dieser wichtigen Erkenntnisse sind verschiedene Verfahren entwickelt worden, bei denen die verschieden harten Anteile der Kohle selektiv auf die jeweilig optimale Korngröße zerkleinert werden. Dadurch ist es möglich geworden, auch aus Mischungen mit erheblichem Anteil schlechtverkokbarer Kohlen eine ‚künstliche‘ Kokskohle herzustellen, aus der ein Koks mit den für den Hochofenbetrieb erforderlichen Eigenschaften erzeugt werden kann.“ . . .

„Beispielsweise war es bislang unumgänglich, bei der Verkokung der gasreicheren lothringischen und saarländischen Kohle 50 und mehr Prozent gut kokender Ruhrkohle der Einsatzmischung beizufügen, um einen brauchbaren Hüttenkoks zu erzeugen. Bei Anwendung der in diesen Revieren inzwischen entwickelten neuen Verfahren der Kokskohlenvorbereitung kann je nach Art der zur Verfügung stehenden einheimischen Kohle der Anteil an Ruhrkohle erheblich gesenkt, u. U. sogar ganz darauf verzichtet werden.“ . . .

„Wir sehen also, daß die Fortschritte der Steinkohlenaufbereitung und der Kokereitechnik — beide aufbauend auf der wissenschaftlichen Durchdringung der rohstofflichen Eigenschaften der Kohle — eine starke Ausdehnung der Kokskohlengrundlage und damit der Kokserzeugung ermöglichen.“

Für die Länder, die über Eisenerz- und Erdölvorkommen verfügen, jedoch keine entsprechende Kohlenbasis besitzen, hält der Autor die direkte Eisenreduktion, „etwa durch reduzierendes Gas, das aus der Erdölproduktion gewonnen“ wird, für angebracht. E.

Forschungsanstalt des westdeutschen Steinkohlenbergbaus

Im September 1958 wurde die neue Forschungsanstalt des Steinkohlenbergbaus in Essen-Kray ihrer Bestimmung übergeben. Die Arbeit dieses neuen Instituts soll die Grundlagenforschung der verschiedenen Hochschulen und Bergakademien und des Max-Planck-Instituts für Kohlenforschung und gleichzeitig die von den Bergwerksgesellschaften unmittelbar betriebene zweckgebundene Forschung ergänzen und anregen.

Die Forschungsanstalt wird folgende Abteilungen und Arbeitsgruppen umfassen:

1. Physik mit Mineralogie und Petrographie,
2. Chemie,
3. Betriebsmittelprüfung und Werkstatt,
4. Technikum für chemische, thermische und mechanische Kohleveredlung,
5. Verwaltung mit Patentabteilung, Bibliothek und Hausverwaltung.

Der Geschäftsführung unmittelbar unterstellt sind das Konstruktionsbüro und die technische Betriebsleitung des Instituts.

Im „Glückauf" 94 (1958), Heft 39/40, befindet sich auf S. 1430—1445 eine sehr eingehende Beschreibung dieser neuen Forschungsstätte. E.

Kohlenförderung in der ČSR*)

Mit einer Steigerung der Kohleförderung auf 110 Mio t im Jahre 1965 wird die ČSR voraussichtlich die erste Stelle in der Pro-Kopf-Produktion der Welt einnehmen. Bis zum Jahre 1960 soll durch die verstärkte Mechanisierung eine Jahresproduktion von 29,3 Mio t Steinkohle und 57,79 Mio t Braunkohle erreicht werden. In den Gruben und Schächten wurden bereits viele Kohlekombines eingesetzt sowie Versuche mit dem hydraulischen Abbau der Kohle angestellt. E.

*) „Die Wirtschaft" Nr. 41 v. 8. 10. 1958, S. 12.

Kohlenbergbau/Südafrika

Die bis jetzt bekannten Kohlenvorkommen Südafrikas bestehen zum größten Teil aus jungpaläozoischer Kohle. Wurden die Gesamtreserven 1948 auf 80 Mrd. t geschätzt, rechnet man jetzt mit Vorräten von 200 Mrd. t Kohle.

—sch—

Mineralische Rohstoffe in der Republik Guinea

Der jüngste afrikanische Staat Guinea umfaßt eine Fläche von 245860 km², ist also so groß wie Westdeutschland. Bewohnt wird er von 2,5 Mio Menschen, darunter etwa 9500 Europäern.

Seit 1949 werden die Bauxitvorkommen (auf der der Hauptstadt Conakry vorgelagerten Insel Kassa) ausgebeutet (Tagebau, Produktion 1956: rd. 500000 t).

Die Reserven des Eisenerzvorkommens (auf der Halbinsel Koloum) betragen nur noch etwa 2 Mio t mit einem Fe-Gehalt von 51,5%.

Inzwischen wurden jedoch sowohl neue Eisenerzlager von rd. 200 Mio t (bei Yomboeli, Télimélé, Beyla, N'Zérékoré und Kantou) als auch neue Bauxitlagerstätten (bei Boké, Kindia und Fria) entdeckt.

Die Verarbeitung von Bauxit in Guinea ist nur möglich, wenn die großen Wasserkräfte zur Erzeugung elektrischer Energie ausgenutzt werden. Mit Hilfe eines großen Staudammes, der am Konkouré-Fluß bei Souapiti errichtet werden soll, hofft man 3 Mrd. kWh Strom je Jahr zu gewinnen. Dazu käme etwa 20 km stromabwärts ein weiterer Staudamm (2 Mrd. kWh). Da zur Herstellung von einer Tonne Aluminium rd. 20000 kWh gebraucht werden, könnten mit diesem Strom in einer Aluminium-Schmelze, die ebenfalls errichtet werden muß, 150000 t Aluminium erzeugt werden.

Weiterhin wären zur Ausbeutung der Bauxitlager von Boké erforderlich: Bau eines Hochseehafens bei Kamsar an der Mündung des Rio Nunez zum Abtransport des Bauxits, Bau einer 120 km langen Eisenbahnlinie, Förderanlagen für eine Kapazität von 1,5 Mio t (das Vorkommen wird auf 200 Mio t geschätzt — Al-Gehalt: 50%), von den 1,5 Mio t sollen 1 Mio exportiert und 500000 t in einer ebenfalls zu errichtenden Fabrik verarbeitet werden (Kapazität: 220000 t Tonerde mit Erweiterungsmöglichkeiten).

Die Arbeiten sollten bis 1961 so weit vorangeschritten sein, daß dann der Export von Bauxit aufgenommen werden könnte.

Die Bauxitvorkommen bei Kindia und Fria werden auf 200 Mio t geschätzt (Al-Gehalt: etwa 42%).

Erforderlich sind: Bau aller Förderanlagen und Einrichtungen zur Aufbereitung des Bauxits, Bau einer Aufbereitungsanlage bei Fria (Kapazität: zunächst 480000 t, später 1,2 Mio t; sie wäre dann die drittgrößte Anlage nach Arvida in Kanada und Bâton Rouge in den USA), Bau einer 60 km langen Straße und einer 140 km langen Eisenbahnlinie. E.

Lagerstättenuntersuchung in Njassaland

Die unverzügliche Bildung einer mineralogischen Untersuchungsabteilung hat die Territorialregierung von Njassaland beschlossen. Die Untersuchungen sollen alle Erz- und Mineralvorkommen des Landes erfassen. Über die qualitativen und quantitativen Forschungsergebnisse sollen besonders ausländische Finanzkreise unterrichtet werden, um sie für die Gewinnung der Rohstoffe zu interessieren. Kürzlich durchgeführte Untersuchungen hatten ergeben, daß nördlich der Hauptstadt von Njassaland, Blantyre, hochprozentige Eisenerze und an der Grenze von Tanganjika bei Llomba radioaktiver Pyrochlor vorhanden sind. Gegenwärtig werden Vorkommen radioaktiver Mineralien westlich von Blantyre erforscht.

—be—

Eisenerz/Liberia

Für die Entwicklung des Eisenerzbergbaus in Liberia und für den Bau von Häfen und Eisenbahnanlagen sollen in den nächsten Jahren 150 Mio $ investiert werden. Die Eisenerzvorkommen Liberias sind reichhaltig. Ihr Fe-Gehalt beträgt über 60%. Die am besten bekannten Lagerstätten liegen in den Bomi-Bergen; ihre Vorräte wurden auf 80 Mio t berechnet. Eisenerz ist der zweitgrößte Exportartikel von Liberia.

Kürzlich wurden neue Vorkommen, die mehrere Hundert Millionen Tonnen Vorräte enthalten, entdeckt. Dazu fand man in Zentral-Liberia Manganerzvorkommen mit einem Mangangehalt von 17—20%. Ein kleines Vorkommen mit wahrscheinlich einer halben Million Tonnen Vorräte und mit einem Gehalt von 50—60% Mangan wurde im Osten des Landes entdeckt.

Limonit als Abschirmungsmaterial

Für die Gehäuse atomarer Beschleuniger, die in der Universität des Staates Florida errichtet werden sollen, wurde versuchsweise Limonit, der bei Lumpkin (Ga.) gefördert und in den Hochöfen von Birmingham (Alabama) verhüttet wird, als Abschirmungsmaterial ausprobiert. Der Limonit wurde mit Beton gemischt. Er gilt als eines der besten Abschirmungsmaterialien.

Der Leiter des geologischen Institutes, B. F. Buie, erklärte, daß Limonit die Neutronen- und Gamma-Strahlen gut absorbiert; das gleiche gelte für Baryt. Bei der Verwendung von Limonit als Zuschlagstoff für Beton brauchen die Abschirmungswände nur 105 cm stark zu sein gegenüber 150 cm ohne Verwendung von Limonit. E.

Uran/Südafrika

Im Jahre 1958 wurden den südafrikanischen Goldbergwerken vom Staatlichen Atomenergieamt der Südafrikanischen Union feste Quoten für die Uranproduktion zugeteilt. Die Quoten entsprechen den Lieferungsverpflichtungen gegenüber der amerikanisch-englischen Combined Development Agency in Höhe von 6200 t jährlich. Die Mehrproduktion der Gruben durfte auf dem freien Markt abgesetzt werden. Diese Vereinbarung des südafrikanischen Atomenergieamtes mit den Bergwerken führte zu einer wesentlichen Produktionssteigerung. Es konnte aber nicht mehr Uran gewonnen werden, im Gegenteil, einige Anlagen hatten sogar einen Förderrückgang zu verzeichnen. Trotzdem erhöhte sich der Reingewinn der Gruben. Das läßt darauf schließen, daß die amerikanisch-britischen Auftraggeber den Goldbergwerken erhöhte Uranpreise zahlten.

—sch—

Chromerzvorkommen/Madagaskar

Die Erschließung des Chromerzvorkommens von Ranamena in der Provinz Tamatave auf Madagaskar wird von dem französischen Unternehmen „Société Ugine" geplant. Eine Gruppe von Prospektoren untersucht bereits seit 1956 im Auftrage der Gesellschaft den Umfang und die Qualität des Vorkommens, das an der Oberfläche und in geringer Tiefe ansteht. Nach den bisherigen Ergebnissen wird das Vorkommen auf 400000 t geschätzt. Die Qualität wird als mittelmäßig bezeichnet, doch bietet ein von dem Unternehmen angewandtes besonderes metallurgisches Verfahren die Möglichkeit, das Erz mit reicheren Erzen ausländischen Ursprungs zu verarbeiten. Trotz mäßiger Erzqualität hält man das Projekt für wirtschaftlich lohnend, weil der Abbau des Chromerzes nur verhältnismäßig niedrige Gestehungskosten verursachen wird. Die Baukosten einer erforderlichen Zufahrtsstraße sollen später aus einer Abgabe für jede Tonne exportierten Chromerzes aufgebracht werden. Die Eigeninvestitionen der Gesellschaft betragen zu Beginn des Abbaus 40 Mill. und für die nächsten Jahre etwa 125 Mill. Francs.

—sch—

Cyanit und Titanerz/Schweden

In Hällsjöberg in der Provinz Värnland werden jetzt Cyanit und Titanerz gewonnen. Vorläufig sollen 300 t dieses Erzes gefördert werden. Die Aufbereitung wird in der Hütte Längban erfolgen. —sch—

Zinn/Malaya

Ein Teil der Bergarbeiter Malayas befindet sich gegenwärtig in einer ernsten Lage. 51% der kleinen Zinngruben wurden seit Dezember 1957 stillgelegt. Damit wurden 12600 Bergleute arbeitslos. Ende vergangenen Jahres waren nur noch 361 Gruben mit rund 24000 Arbeitern in Betrieb. Der Produktionsrückgang gegenüber 1957 betrug über 30%.

—sch—

Nickel/Australien

Die Mitte vergangenen Jahres im Norden Tasmaniens entdeckte Nickelerzlagerstätte soll jetzt erschlossen werden. Man schätzt, daß das Vorkommen den Nickelbedarf Australiens für die nächsten 40 Jahre decken wird. —sch—

Aluminium/Westdeutschlands

In Westdeutschland wurden im vergangenen Jahr rd. 140000 t Hüttenaluminium gegenüber 154000 t im Jahre 1957 gewonnen. Dieser Produktionsrückgang ist in erster Linie auf erhöhte Aluminiumimporte zurückzuführen, denn der Aluminiumbedarf lag um 2% höher als im Vorjahr. Auf dem westdeutschen Markt wird ausländisches Hüttenaluminium um 15.— bis 30,— DM pro kg billiger angeboten als inländisches Aluminium. Besonders kanadische und norwegische Hüttenwerke werden für die westdeutschen Konzerne zu ernsten Konkurrenten, da diese beiden Exporteure über hochmoderne Anlagen verfügen, die mit billigem Wasserkraftstrom arbeiten.

Die westdeutschen Hüttenwerke bemühen sich daher seit Monaten, daß das zollfreie Kontingent von 40000 t wieder gestrichen und einheitlich der bisher bestehende Zoll von 7% wieder eingeführt wird. Das zollfreie Kontingent war 1955 zugelassen worden, um den Bedarf, der damals von den westdeutschen Werken nicht befriedigt werden konnte, möglichst billig zu decken. Zur Zeit wird die Kapazität der westdeutschen Aluminiumhütten nur zu 80% genutzt. Die Jahreskapazität aller Konzerne beträgt 165000 t. Davon entfallen 40000 t auf das Werk in Lünen, 50000 t auf das Inn-Werk in Töging, 30000 t auf das Erftwerk im Grevenbroich und 45000 t auf das Werk Rheinfelden. —sch—

Automatische Bergwerke/USA

Die Union Carbide-Corporation will demnächst in den USA vollautomatische Kohlenbergwerke errichten. Der Abbau wird folgendermaßen geschildert: Selbsttätige Abbauhämmer schlagen Kohle und Gestein los, das Haufwerk fällt auf Förderbänder, die wiederum kleine Hunte, die zum Schacht laufen, füllen. Die Anlagen werden über Tage von mehreren Technikern bedient. —sch—

Ultrakurzwellengerät für den Abbau

Das Forschungsinstitut für Kohlenbergbau der UdSSR hat kürzlich zwei Ultrakurzwellengeräte verschiedener Größe in Serienproduktion gegeben, die harte Gesteine auf nichtmechanischem Wege abbauen. Der durch Gleichstrom gespeiste Frequenzerreger einer der Apparaturen wurde für Wellenlängen von 10 cm bei 300 MHz und 2,5 kW entwickelt und hat ein Gewicht von 10 kg. Das Gerät, das unter und über Tage eingesetzt werden kann, arbeitet mit Ultrakurzwellenbruch, also der Umwandlung elektromagnetischer Energie in Wärmeenergie und der damit verbundenen Ausnutzung der Spannungsunterschiede in den Gesteinen.

—sch—

Jahrestagung der Geologischen Gesellschaft in der DDR

Die Geologische Gesellschaft in der Deutschen Demokratischen Republik veranstaltet in der Zeit vom 23. bis 26. April 1959 in Weimar ihre Jahrestagung unter dem Thema „Zechstein, Trias und Pleistozän einschließlich Vorgeschichte des Thüringer Beckens".

Die Tagung soll das wissenschaftliche Leben und den Meinungsaustausch der geologischen Wissenschaften fördern und dazu beitragen, ihre Ergebnisse in der Praxis anzuwenden.

Neben zahlreichen Wissenschaftlern aus der Deutschen Demokratischen Republik, die als Vortragende und Führer von Exkursionen den Tagungsteilnehmern Einblick in die neueren stratigraphischen, tektonischen, lagerstättenkundlichen und hydrogeologischen Forschungen des Thüringer Beckens geben werden, nehmen auch bedeutende Wissenschaftler aus dem Ausland, teilweise mit Vorträgen regionalgeologischer Thematik, teil. Sie werden über die Untersuchungsergebnisse im Triasgebiet berichten. Im Mittelpunkt des allgemeinen Interesses werden die erdölgeologischen Probleme der thüringischen Erdgaslagerstätten stehen.

Mit einem öffentlichen Vortrag über „Altsteinzeitliche Rastplätze im Gebiet von Taubach, Ehringsdorf und Weimar" wird sich Herr Professor Dr. G. BEHM-BLANCKE, Leiter des Museums für Ur- und Frühgeschichte in Weimar, an die Bürger der Stadt Weimar wenden.

Erstmalig für ihre Mitglieder und Gäste werden von der Gesellschaft Flugexkursionen durchgeführt, die eine für die meisten Tagungsteilnehmer neuartige Gesamtschau der Struktur und Geomorphologie des südöstlichen Thüringer Beckens bieten sollen.

Das viertägige Tagungs- und Exkursionsprogramm wird vor allem dem wissenschaftlichen Nachwuchs Gelegenheit zur Erweiterung seiner regionalen und speziellen geologischen Kenntnisse geben. Wamser

Gesamtdeutsche Tagung der Sektion für Kristallkunde in der Deutschen Mineralogischen Gesellschaft

Am 17. und 18. April 1959 führt die Sektion für Kristallkunde in der Deutschen Mineralogischen Gesellschaft eine gesamtdeutsche Diskussionstagung durch.

Die Geschäftsführung übernehmen Prof. Dr. W. KLEBER, Mineralogisch-Petrographisches Institut der Humboldt-Universität, Berlin N 4, Invalidenstr. 43, und Prof. Dr. R. HOSEMANN, Fritz-Haber-Institut der Max-Planck-Gesellschaft, Berlin-Dahlem, Faraday-Weg 4.

INQUA 1961 in Warschau und Krakau

Im Jahre 1961 wird in Warschau und Krakau die VI. Internationale Quartär-Konferenz (INQUA) abgehalten. Auf der Tagesordnung stehen folgende Probleme: Untersuchungsmethoden, Anzahl, Gliederung und Korrelation der Eiszeiten in der VR Polen und seinen Nachbarländern, Nomenklatur des Pleistozän, Klimatische Einschätzung des Pleistozänablaufes, Eistektonik, Toteiswirkungen und quartäre Spiegelschwankungen (speziell in der Ostsee)!

Aus diesem Grunde wurde am 22. 1. 1959 in Berlin ein „Vorbereitendes Komitee INQUA Warschau 1961" gegründet, das die Vorarbeiten für die Teilnahme einer Delegation von Wissenschaftlern aus der DDR erledigen soll. Diesem Komitee gehören u. a. die Professoren v. BÜLOW (Rostock), GELLERT (Potsdam), HURTIG und WEHRLI (Greifswald) an.

Hohe Auszeichnung für Professor Dr. ERICH LANGE

Zu den Wissenschaftlern, die mit hohen Auszeichnungen der Regierung der Deutschen Demokratischen Republik für hervorragende Leistungen beim Aufbau des Sozialismus geehrt wurden, gehört jetzt auch der Chefredakteur der „Zeitschrift für angewandte Geologie" und wissenschaftliche Mitarbeiter der Staatlichen Geologischen Kommission Professor Dr. ERICH LANGE. Ihm wurde am 28. 1. 1959 von Präsident WILHELM PIECK der Vaterländische Verdienstorden in Silber verliehen. Seine außerordentlichen Verdienste wurden bereits im Januar-Heft unserer Zeitschrift anläßlich seines 70. Geburtstages gewürdigt. Alle Fachkollegen und Freunde beglückwünschen Professor LANGE zu dieser Auszeichnung.

Die Redaktion

In den nächsten Heften

der

Zeitschrift für angewandte Geologie

erscheinen u. a. folgende Beiträge:

W. I. Smirnow: Über regenerierte Erzlagerstätten

G. Sager: Landgewinnungsarbeiten der Holländer in Gegenwart und Zukunft

G. Reh: Geologische Auswertung der Erkundungsergebnisse für die mineralische Rohstoffbasis der Sodafabrik Buchenau (Werra)

O. Oelsner: Zur Frage der sekundär-hydrothermalen und regenerierten Lagerstätten im Sinne Schneiderhöhns

S. Sliwinski: Neue Fundorte von Blei- und Zinkerz im Devon der Umgebung von Siewierz

K. Dette: Glasindustrie und Glassandvorkommen in Albanien

W. Gotte: Zur Diskussion über den „besten" Mittelwert für geologische Erkundungsdaten

C. Varček: Zum Problem der regenerierten Lagerstätten in den Westkarpaten

A. Giessler: Mineralquellen und Geotektonik in Mitteleuropa

H. Grassmann: Anwendung der Gaschromatographie bei der Analyse von Erdgasen

H. Bartzsch: Über die Anwendungsmöglichkeiten der Funkortung unter Tage

K. Genieser: Geologische Kartierung und Kartendruck in der DDR

E. Lange: Auswertung der Lagerstätten für den chinesischen „Großen Sprung nach vorn"

K. Kauter: Dialektik — Grundlage moderner Geologie

B. Steinbrecher: Die Reaktion des Kupferschiefers bei tektonischer Beanspruchung

J. O. Brod: Alte Anlagen und Neubildungen in der Geologie

I. G. Magakjan: Die Erkundung von Spurenelementen

M. Lehmann: Die erdmagnetische Vermessung in Nordwestsachsen

D. Opitz: Über reflexionsseismische Geschwindigkeitsmessungen

A. M. Melnikow & J. M. Schpilman: Aktuelle Fragen der Erkundungs-Tiefbohrungen in der Tatarischen ASSR

W. Jung: Die Basispartien des Mittleren Buntsandsteins im Bereich der Meßtischblätter Allstedt, Artern, Sangerhausen und Ziegelroda

R. Hohl: Der Haselbacher Ton des Weiß-Elster-Beckens, seine geologische Stellung und wirtschaftliche Bedeutung im Abraum des Braunkohlenbergbaues

M. Spelter: Bemerkungen zu den hydrogeologischen Verhältnissen im Raum Borna

G. Sager: Der Delta-Plan — das zweite große Vorhaben zur Umgestaltung der Niederlande

Bisher erschienene oder in Vorbereitung befindliche

Beihefte zur Zeitschrift GEOLOGIE

Heft 10: Prof. Dr. KURD v. BÜLOW
Allgemeine Küstendynamik und Küstenschutz an der südlichen Ostsee zwischen Trave und Swine
1954. 88 Seiten — 34 Abbildungen — 4 Tafeln — 17 × 24 cm — DM 6,—

Heft 11: HEINZ PFEIFFER
Der Bohlen bei Saalfeld/Thüringen
1954. 88 Seiten — 9 Tafeln — 17 × 24 cm — DM 6,—

Heft 12: Dr. HELMUTH ZAPFE
Beiträge zur Erklärung der Entstehung von Knochenlagerstätten in Karstspalten und Höhlen
1954. 60 Seiten — 12 Abbildungen — 17 × 24 cm — DM 4,25

Heft 13: Dr. RUDOLF DABER
Pflanzengeographische Besonderheiten der Karbonflora des Zwickau-Lugauer Steinkohlenreviers
1955. 45 Seiten einschließlich 25 Tafeln — 6 Abbildungen — 17 × 24 cm — DM 6,—

Heft 14: Dr. GERHARD LUDWIG
Neue Ergebnisse der Schwermineral-Kornanalyse im Oberkarbon und Rotliegenden des südlichen und östlichen Harzvorlandes
1955. 76 Seiten — 6 Abbildungen — 1 Karte — 10 Tabellen — 17 × 24 cm — DM 6,—

Heft 15: Prof. Dr. KARL KEIL
Die Genesis der Blei-Zinklagerstätten von Oberschlesien (Gorny Slask-Polen)
1956. 63 Seiten — 27 Abbildungen — 17 × 24 cm DM 4,80

Heft 16: PETER ENGERT
Beiträge zur Stratigraphie und Tektonik des Elbtalschiefergebirges
1956. 72 Seiten — 6 Figuren — 16 Abbildungen — 3 Tafeln — 17 × 24 cm — DM 6,—

Heft 17: Dr. ERNST HAMEISTER
Die geologische Entwicklung der Buckower Pforte (ein Beitrag zur jüngeren Talgeschichte Norddeutschlands)
1957. 46 Seiten — 25 Abbildungen — 17 × 24 cm DM 6,20

Heft 18: EWALD v. HOYNINGEN-HUENE
Die Texturen der subsalinaren Anhydrite im Harzvorland und ihre stratigraphische und fazielle Bedeutung
1957. 47 Seiten — 5 Abbildungen — 9 Tafeln — 17 × 24 cm — DM 6,50

Heft 19: Dr. RUDOLF DABER
Parallelisierung der Flöze des Zwickauer und des Lugau-Oelsnitzer Steinkohlenreviers auf Grund paläobotanischer Untersuchungen
1957. 64 Seiten — 11 Abbildungen — 5 Bildtafeln 2 Einschlagtafeln — 17 × 24 cm — DM 9,80

Heft 20: Dr. ULRICH JUX & Dr. HANS D. PFLUG
Über Aufbau und Altersgliederung des Rheinischen Braunkohlenbeckens
1958. 48 Seiten — 11 Abbildungen — 17 × 24 cm — DM 8,20

Heft 21/22: Dr. WINFRIED KRUTZSCH
Mikropaläontologische (sporenpaläontologische) Untersuchungen in der Braunkohle des Geiseltales
in Vorbereitung

Heft 23: Dr. HANS HETZER
Feinstratigraphie, Sedimentationsverhältnisse und Paläogeographie des höheren Ordoviciums am Südostrand des Schwarzburger Sattels
1958. 96 Seiten — 10 Abbildungen — 11 Tafeln — 17 × 24 cm — DM 9,80

Heft 24: Dr. WOLFGANG JUNG
Zur Feinstratigraphie der Werraanhydrite (Zechstein 1) im Bereich der Sangerhäuser und Mansfelder Mulde
1958. 88 Seiten — 10 Abbildungen — 13 Tafeln — 17 × 24 cm — DM 9,80

Heft 25: Prof. Dr. E. VOIGT:
Revision der von F. v. Hagenow 1838—1850 aus der Schreibkreide von Rügen veröffentlichten Bryozoen
in Vorbereitung

Heft 26: Dr. B. STEINBRECHER
Die Subrosion des Zechsteingebirges im östlichen und nordöstlichen Harzvorland mit besonderer Berücksichtigung der Edderitzer Mulde
in Vorbereitung

Heft 27: Dr. R. DABER
Die Mittel-Visé-Flora der Tiefbohrungen von Doberlug-Kirchhain
in Vorbereitung

Bestellungen einzelner Hefte oder zur Fortsetzung durch eine Buchhandlung erbeten

AKADEMIE-VERLAG · BERLIN

Dr. A. Schmidts

ATLAS

der

DIATOMACEENKUNDE

Heft 105 und 116—118

Lichtdrucktafeln Nr. 417—420 und 461—464

Herausgegeben von der Staatlichen Geologischen Kommission
der Deutschen Demokratischen Republik

Bearbeiter: Dr. FRIEDRICH HUSTEDT, Bremen

Lizenzausgabe des Verlages O. R. Reisland, Leipzig, 1958
2 Mappen zu je 8 Seiten · 8 Tafeln · DM 30,—

Nach mehr als 14 jähriger Pause erscheint wieder der Atlas der Diatomaceenkunde von A. SCHMIDT. Dieser Atlas, 1874 von ADOLF SCHMIDT gegründet, wurde von FRIEDRICH FRICKE und HEINRICH HEIDEN weitergeführt. Seit 1911 erfolgt die Bearbeitung durch FRIEDRICH HUSTEDT, Bremen. Die Unterbrechung der Herausgabe, durch Krieg und Nachkriegsjahre verschuldet, ist vom Bearbeiter nicht ungenutzt geblieben, und so werden bald weitere Tafeln erscheinen. Die bisher übliche Ausgabe in Heften mit je vier Tafeln und den Erläuterungen wird beibehalten. Die Weiterführung dieses Standardwerkes ist um so mehr zu begrüßen, da viele neue Arten aufgenommen werden müssen, um den Atlas auf dem neuesten Stand der Forschung zu halten. Jeder Interessent der Mikropaläontologie und der Hydrobotanik weiß, daß der Atlas eine unentbehrliche Grundlage seiner Arbeit ist. Die vier jetzt erschienenen Hefte 105, 116, 117 und 118 setzen die 9. und 10. Serie des Atlasses fort.

Bestellung einzelner Hefte oder zur Fortsetzung durch eine Buchhandlung erbeten

AKADEMIE - VERLAG · BERLIN

Beiträge zur Flora der tertiären plastischen Tone von Preschen bei Bilin (CSR) Lauraceae II mit 62 Figuren auf 17 Tafeln und 7 Tabellen von Hellmut Jähnichen.

Als Fortsetzung zu Lauraceae I befaßt sich die vorliegende Arbeit mit der morphologisch-anatomischen Untersuchung der übrigen früher von Menzel aufgesammelten Lauraceen-Gattungen wie Litsea, Nectandra, Benzoin, Persea und Cinnamomum. Hinzu kommen einige Gattungen aus den Familien der Sapotaceen, Ebenaceen, Styracaceen und Ericaceen, die morphologisch-anatomisch sehr wahrscheinlich im Formkreis Laurophyllum princeps (Heer) Kr. u. Wld. aufgehen.

Zu einem Vorkommen von Nadeleisenerz im Elbsandsteingebirge von Hans Dieter Beeger mit 1 Tafel.

Gesteinsanalysen von jurasischen Kalken an der Lausitzer Hauptverwerfung von Siegfried Börtitz.

Vorkommen von Aragonit in Tharandt von Siegfried Börtitz mit 2 Tafeln.

Ein neuer Aufschluß in den Niederschönaer Schichten mit 2 Abbildungen und 4 Figuren auf 2 Tafeln von Manfred Barthel. Mitteilungen aus dem Geologisch-Paläontologischen Institut der Martin-Luther-Universität, Halle (Saale).

Aus der Tätigkeit des Dr. Georgius Agricola in Zwickau von Ulrich Horst.

Jahrbuch des Staatlichen Museums für Mineralogie und Geologie zu Dresden 1956/57. V, 243 Seiten mit 15 Abbildungen im Text, 43 Figuren auf 22 Tafeln und 1 Anhang mit 3 Anlagen.

Kart. DM 16,50

Bericht über die Arbeit des Staatlichen Museums für Mineralogie und Geologie zu Dresden für die Zeit vom 1. Januar 1956 bis zum 31. Dezember 1956 von H. Prescher.

Zum Gedenken an Karl Wanderer (1876–1945) von W. Häntzschel.

In memoriam Hermann Andert von W. Vortisch.
Eine kurze Biographie und Aufzählung seiner Schriften.

Dr. ing. Wilhelm Pieper von U. Horst.
Ein Abriß seines Lebenslaufes und seiner Schriften, die ihn dank seiner Mitarbeit an der Agricola-Gedenkausgabe eng mit der Tätigkeit des Staatlichen Museums in Dresden verbanden.

Dr. phil. Johannes Süß von H. Schumann.
Eine kurz gefaßte Biographie und Würdigung der wissenschaftlichen Arbeiten dieses ausgezeichneten Kenners sächsischer Geologie und Landschaftskunde.

Kreidestratigraphie und Tektonik des Gebietes zwischen Stadt Wehlen und Hohnstein mit 4 Abbildungen, 3 Figuren auf 2 Tafeln und 1 Anhang mit 3 Anlagen von H. D. Beeger.

Stratigraphischer Teil: Die Abhängigkeit der Morphologie von der Gesteinsbeschaffenheit – Petrostratigraphisch-morphologische Gliederung – Tonige Fazies der Stufe d – Plänermergel am Brausnitzbach – Die cenomanen Schichten am Gemeindeberg von Dobra – Das cenomane Zeschniger Konglomerat – Stratigraphische Gesamtübersicht.

Tektonischer Teil: Lagerung und Mächtigkeit – Bemerkungen zu Harnischen, Differentialbewegungsflächen, Verwerfungen und Horizontalverschiebungen – Die Kluftsysteme des Elbsandsteingebirges.

Das Bild des Geologen in der schönen Literatur von E. Banitz.
Ein nützlicher Beitrag hierzu, der den Leser mit jenen Schriftstellern zusammenführt, die die Geologie und den Geologen in den Kreis ihrer Betrachtungen einbezogen haben.

Dr. Richard Baldauf (1848–1931) – Seine Bedeutung für die Mineralogie mit 23 Abbildungen von M. Baldauf. Mit einem Nachwort von Dr. H. Prescher.

Lurchfunde aus dem Oberoligozän von Seifhennersdorf (Sachsen) mit 7 Abbildungen von H. Walther.

Probleme der Höhlenforschung in Sachsen mit 6 Abbildungen und 4 Figuren auf 2 Tafeln von S. Börtitz.
Besprechung typischer Beipiele natürlicher und künstlicher Höhlen und unterirdischer Gänge Sachsens mit einer schematischen Übersicht über deren Lage.

Neuere Untersuchungen über einige seltene sächsische Minerale von E. Fischer.

Notiz zur Petrographie der Kreidestufe d im Mocketal bei Pirna von K. Rehnelt.

Jahrbuch des Staatlichen Museums für Mineralogie und Geologie zu Dresden 1955. V, 161 Seiten, 15 Abbildungen im Text, 241 Figuren auf 23 Tafeln, 3 Figuren auf 1 Farbtafel und 1 Anhang mit 27 Anlagen. Kart. DM 21,–.

Bericht über die Aufbauarbeit des Staatlichen Museums für Mineralogie und Geologie zu Dresden für die Zeit vom 1. 7. 1954 bis zum 31. 12. 1955 von H. Prescher.

Bestimmungsmethoden für Edelsteine von H. Schumann.

Das Frostproblem im Straßenbau von K. Keil.

Einige Bemerkungen zur Verteilung von Elementen auf magmatischen Lagerstätten von G. Tischendorf.

Grundprobleme der Kreide im Böhmischen Massiv von O. Kodym.

Über die Kreideablagerungen des Plauenschen Grundes von K. A. Tröger. Sedimentpetrographische und biostratonomisch-paläontologische Untersuchungen mit 12 Abbildungen, 29 Figuren auf 10 Tafeln und 1 Anhang mit 27 Anlagen.

Normapolles im sächsischen Turon von W. Krutzsch. Mit 191 Pollenphotos auf 7 Tafeln.

Über eine Asterosoma sp. aus der nordböhmischen Kreide nebst Bemerkungen über turone Sandsteine von F. K. Rehnelt. Mit 1 Abbildung.

Eine Faulschlammkohle aus dem Döhlener Becken von U. Horst. Mit 3 Figuren auf 1 Farbtafel. Kohlenpetrographische, sporographische, kohlenchemische, spektrochemische Untersuchungen.

Untersuchungen an Sintern aus unterirdischen Gängen von S. Börtitz. Mit 1 Abbildung und 5 Figuren auf 1 Tafel.

Ein Wort zu einigen zeitgenössischen Schriften Agricolas und zu seiner Besteigung des Vesuv von P. Preusse.

Über Castanopsis furcinervis (Roßm.) Kr. u. Wld. (Fagacee) aus der alttertiären Braunkohle der Ukraine von H. Jähnichen. Mit 2 Abbildungen und 15 Figuren auf 4 Tafeln.

Jahrbuch des Staatlichen Museums für Mineralogie und Geologie zu Dresden 1954. 108 Seiten mit 5 Abbildungen, 17 Tafeln und einer Ausschlagtafel. Kart. DM 11,–.

Bericht über die Aufbauarbeit des Staatlichen Museums für Mineralogie und Geologie zu Dresden für die Zeit vom Sommer 1945 bis Ende Juni 1954 von H. Prescher.

Die kesselförmige Verwitterungsform der Gesteine von E. Seidel.

Die mineralogischen Rohstoffe der Keramik von F. Kästner.

Löße, Staublehm und Staubböden von H. Schmiedel.

Neues über die Alpenbildung von A. Neuberg.

Die Kutikular-Analyse, eine moderne mikropaläobotanische Untersuchungsmethode von H. Jähnichen.

Die Foraminiferen des Turons von Pirna von Y. Kiesel-Nasiadek.

Beiträge zur Flora der tertiären plastischen Tone von Preschen bei Bilin, ČSR, Lauraceae I von H. Jähnichen.

Georg Agricola, Betrachtungen am Rande der Dresdner Agricola-Gedenkausgabe von G. Fraustadt.

Zusammenstellung aller, vom Staatlichen Museum für Mineralogie und Geologie zu Dresden von 1857–1954 herausgegebenen Veröffentlichungen von H. Prescher.

Zu beziehen durch Ihre Buchhandlung.

Ag 588/58/DDR 05/0857/58 IV/2/14 820/12 0000

Jahrbuch des Staatlichen Museums für Mineralogie und Geologie zu Dresden 1958: V, 138 Seiten mit 13 Abbildungen im Text und 122 Figuren auf 36 Tafeln und 6 Anlagen mit 10 Abbildungen.

Kart. DM 14,70

Der Jahrgang 1958 enthält folgende Beiträge:

Bericht über die Arbeit des Staatlichen Museums für Mineralogie und Geologie zu Dresden für die Zeit vom 1. Januar bis 31. Dezember 1957 von Hans PRESCHER.

Bericht über die Sommerexkursion 1957 von H.-D. BERGER.

Stratigraphische und paläobotanische Untersuchungen im Rotliegenden des Döhlener Beckens (Sachsen) von Manfred BARTHEL. Arbeit aus dem Geol. Pal. Institut der Martin-Luther-Universität Halle-Wittenberg mit 9 Abbildungen, 54 Figuren auf 15 Tafeln und 7 Anlagen.

Aus dem Inhalt dieser umfangreichen Arbeit:

Allgemeines. Der Steinkohlenbergbau im Döhlener Becken. Die Geschichte der geologischen Erforschung. Zur Geologie der flözführenden Stufe des Döhlener Beckens. Allgemeine geologische Verhältnisse – Stratigraphische Problemstellung – Die gegenwärtigen Aufschlußverhältnisse – Untergrund und Auflagerung des Rotliegenden – Die Stratigraphie der flözführenden Stufe – Zur Flözgenese – Zur Petrographie der Zwischenmittel und zur Frage der Sedimentationsgeschwindigkeit.

Zur Flora der flözführenden Stufe des Döhlener Beckens. Kurze Zusammenfassung der Ergebnisse Sterzels – Das Pflanzenmaterial – Das Auftreten von Pflanzenresten, ihre Erhaltung und Einbettung. Zur Präparation. Die Elemente der einzelnen Pflanzenhorizonte. Die Pteridospermen der flözführenden Stufe. – Beblätterung und Fruktifikation der Articulaten – Die Pflanzenassoziationen der flözführenden Stufe.

JAHRBUCH 1958
DES STAATLICHEN MUSEUMS FÜR MINERALOGIE UND GEOLOGIE ZU DRESDEN

HERAUSGEGEBEN VON DR. H. PRESCHER

VERLAG VON THEODOR STEINKOPFF
DRESDEN UND LEIPZIG